과학책 읽어주는 공대생

요즘 공대생이 탐한 과학 고전들
과학책 읽어주는 공대생

초판 1쇄 펴냄 2019년 10월 7일
　　4쇄 펴냄 2021년 5월 7일

지은이 조승연

펴낸이 고영은 박미숙
펴낸곳 뜨인돌출판(주) | 출판등록 1994.10.11.(제406-251002011000185호)
주소 10881 경기도 파주시 회동길 337-9
홈페이지 www.ddstone.com | 블로그 blog.naver.com/ddstone1994
페이스북 www.facebook.com/ddstone1994
대표전화 02-337-5252 | 팩스 031-947-5868

ⓒ 2019 조승연

ISBN 978-89-5807-727-5 03400

과학책 읽어주는 공대생

요즘 공대생이 탐한
과학 고전들

조승연 지음

뜨인돌

궤도(과학 커뮤니케이터, 『궤도의 과학 허세』 작가)

음식을 주문할 때 우리는 먼저 메뉴판을 본다. 그럼 과학을 받아들일 때 가장 먼저 해야 할 일은 무엇일까. 이 책은 일종의 과학 메뉴판이다. 작가의 독특한 관점은 '미슐랭 가이드를 따라 방문하는 레스토랑의 첫 메뉴'를 고를 때처럼 마음을 설레게 하고 그가 소개하는 과학의 맛은 혀가 아닌 눈과 책장을 넘기는 손가락으로 전해진다. 공대생과 함께 지적 미각을 자극해 보자.

박은철(수원중앙기독초·중학교 교장)

작가는 앳된 소녀 시절부터 눈을 반짝이며 이야기를 쏟아내곤 했다. 나는 그 이야기에 귀 기울이는 것을 참 좋아했다. 집에서 키우는 '까미'라는 까칠한 고양이, 여행에서 만난 신기한 개펄 생물체 이야기부터 적정기술에 이르기까지 문학과 예술, 역사와 철학을 넘나드는 흥미진진한 이야기들은 아직도 기억에 생생히 남아 있다. 그렇게 책 읽고 글쓰기를 좋아하더니 숨돌릴 겨를 없이 바쁜 공대 생활 속에서도 풍부한 인문학적 소양, 섬세한 생태적 상상력에 인간에 대한 깊은 성찰이 어우러진 멋진 책을 우리 앞에 내어놓았다. 일반인에겐 다소 어렵고 딱딱해 보이는 과학책을 정말 쉽게 풀어 읽어 주는 책이다. 자간과 행간에는 작가의 첼로 연주가 흐르고 문장마다 그의 맑고 또랑또랑한 목소리가 들리는 듯하다.

박주홍(서울대학교 생명과학부 교수)

이 책은 추천 도서 목록에서만 존재하던 과학책들이 우리가 살아가는 세상에 대해 이야기하고 있음을 상기시켜 준다. 작가는 과학 고전 속에 담긴 과학자의 삶에 내린 뿌리를 놓치지 않는다. 결국 새로운 과학은 과학자가 세상을 바라보는 새로운 방식에서 태어나는 것이다. 작가가 이끄는 대로 하나의 과학 이론이 나오기까지의 과정을 하나하나 따라가다 보면 우리는 수식과 이론의 숲속에서 길을 잃지 않고도 어느덧 이 세상을 설명하는 새로운 방식에 눈을 뜨게 될 것이다.

장수영(포항공과대학교 산업경영공학과 교수)

엄격한 논리와 숫자들이 줄거리를 이루는 과학책에서 우리의 감성을 만족시키는 재미를 찾는 일은 결코 쉽지 않다. 그렇다 보니 사람들은 과학자들의 가슴은 텅 비어 있으리라 생각하지만, 사실 과학자들은 그들만의 해학과 놀이 방식을 지녀서, 무미건조하게만 보이는 과학 이론에서 독특한 재미를 찾아 즐긴다. 이 책에는 자신이 먼저 찾은 그러한 비밀스러운 재미를 함께 나누고자 땀 흘린 작가의 겸손한 노력의 결실이 가득 담겨 있다. 어떤 분야라도 그 분야의 고전에 담긴 재미를 찾아 즐기는 일은 쉽지 않기에, 고전 읽기는 마치 험난한 항해를 하는 모험 같은 일이다. 이 책에 담긴 작가의 친절한 권고들은 내겐 팅커벨의 속삭임 같았다. 위기의 순간마다 특유의 수다를 떨며 따뜻한 조언을 재잘거리는 피터팬의 요정 팅커벨, 그녀의 수고 덕에 피터팬은 네버랜드를 누비는 모험 속에서도 외롭지 않다. 과학 고전을 향한 모험을 떠나는 독자들은 이 책에 담긴 작가의 재잘거림과 함께라면 외롭지도 힘들지도 않을 것이다.

장서현(포항공과대학교 생명과학과 학생)

"아, 저는 공대생입니다!" 혹시 이 말을 듣자마자 머릿속에 떠오르는 이미지가 있는가? 사람들은 흔히 '공대생'을 이러저러한 사람이라고 쉽게 정의한다. 하지만 이따금씩 그 정의 안에 나를 가두는 것 같아 왠지 모르게 억울할 때가 많았다. 우리 공대생도 음악을 듣다가 눈물을 흘리고, 때로는 새벽 감성에 젖어 시를 쓸 줄 아는 사람이란 말이다! 나처럼 이러한 억울함(?)을 느꼈을 작가는 과학자가 쓴 책들을 읽어 주며, 아무도 거들떠보지 않았던 것을 향한 과학자의 따스한 시선을 짚어 준다. 이 책을 통해 과학과 과학을 하는 사람들을 바라보는 당신의 시선에 따뜻함이 깃들기를 바란다.

6

    고백하건대 과학을 전공한다는 건 생각보다 쉬운 일이 아닌 것 같습니다. 시간표에 든 전공 과목 수가 늘어날수록 공부할 것은 많아지고, 한번 시작하면 몇 시간씩 이어지는 실험은 이제 이벤트가 아닌 일상이 되었습니다. 과연 이 길을 어떻게 가야 하는지, 먼저 걸어 본 누군가에게 묻고 싶었습니다. 언제부턴가 과학책들이 꽂힌 서가를 기웃거린 것은 이런 이유에서였을지 모릅니다. 따끈따끈한 신간부터 길게는 200년 전에 쓰인 책들까지, 그 속에는 따라가 보고 싶은 여러 갈래의 길들이 있었습니다. 그 길 위에는 때로는 의지할 수 있고, 꿈꿀 수 있고, 감히 공감해 볼 수 있는 발견의 과정이 있었습니다. 과학 고전은 그렇게 제 책장을 한 권 두

권 채워 갔습니다.

　과학에 대한 책이라면 딱딱한 공식이나 수로만 가득할 것 같지만, 제가 소개할 이 책들은 조금 다릅니다. 과학 고전에는 과학자들의 육성이 살아 있습니다. 과학자의 세계가 품은 매력, 그들의 독특한 삶, 그 삶을 바쳐 얻은 발견들, 발견에서 나온 수많은 흥미로운 이야기들을 말하는 목소리가 들려옵니다.

　과학 고전은 저마다 어떤 과학자의 놀라운 생각과 발견을 품은 서로 다른 행성들 같습니다. 책 한 권 한 권이 시대를 초월한, 어떤 한 발견의 시점으로 좌표를 찍어 떠나는 모험입니다. 어떤 책은 세포 속에서 몇억 년 동안 일어난 일들을 밝혀낸 발견자의 이야기를, 또 어떤 책은 19세기가 되기도 전에 한 아마추어 과학자가 지금과 매우 비슷한 미래를 상세히 예견했다는 사실을 알려 줍니다. 단 한 권의 책으로 지금의 이 세계를 만든 거대한 과학적 발견들 사이를 누빌 수 있다는 것. 그것에 감탄할 수 있다는 것. 다른 책들은 줄 수 없는, 과학 고전만이 선사할 수 있는 경험일 것입니다. 우리가 과학 고전을 읽어야 할 이유이기도 하죠.

　과학 고전을 탐하게 된 또 다른 이유는 사실 이들이 결코 마냥 편하게만 읽을 수 있는 책들이 아니어서입니다. 각각의 책이 담고 있는 사실들은 하나같이 과학자들이 삶이나 신념을 바쳐 얻은 현대 과학의 기저가 되는 기본 명제이거나, 혹은 최소한 그 명제들의 기초를 마련한 것들입니다. 이런 엄청난 이야기를 담은 책들을 뒤적일 때의 기분은 단순한 설렘 그 이상이었습니다. 설렘에는 긴장감이 함께했습니다. 제대로 이해해야 한다는 묵직한 책임감 같은 것도 느꼈습니다. 모든 과학 고전은 하나의 과학적 주장이 어떤 반론과 갈등을 이겨 내고 현재의 위치에 다다랐는지, 과학자가 어떤 시도와 실패를 거쳐 하나의 결론에 도달했는지를 알려 줍니다. 때문에 과학 고전을 읽는 우리는 마냥 편안한 독서는 포기하고, 마치 '과학자가 된 것처럼' 책을 읽어야 할지도 모릅니다. 하지만 이 독서가 주는 지적 경험은 놀라울 따름입니다.

여러분은 현대 사회를 만든 굵직한 과학적 주장이 하나의 밑그림에 불과했을 때를 엿볼 수 있는 타임머신에 올라탔습니다. 과학자들의 삶의 양식, 그들의 날카로운 논리, 그 사이에서 꽃핀 우정, 그들의 유머…. 이 책은 그 모든 것을 흠모하여 그 안에 담긴 멋진 주장들을 제가 할 수 있는 말로 옮겨 본 것일 뿐입니다. 걱정되는 점은, 저도 모르게 책 속 인물들을 향한 애정을 너무 티 냈다는 것입니다. 이왕

티를 낸 김에 좀 더 욕심을 부려 여러분에게 공감을 권해 볼 참입니다.

이제부터 여러분에게 슈뢰딩거의 고양이가 뛰어다니고 아인슈타인의 사고 실험이 펼쳐지는, 과학자들의 세계로 들어가는 길을 안내하겠습니다.

2019년 가을, 실험실에서

조승연

contents

chapter 1

관찰자의 시선을 배우고 싶다면

신갈나무 투쟁기
생명에서 생명으로
인간의 그늘에서

우리는 매일 무언가를 유심히 관찰하며 산다. 생화학 시험을 보러 가는 길에 올려다본 하늘의 구름, 밤새 열심히 키운 박테리아들의 상태(득실득실하거나, 비실비실하거나!), 실험 발표회를 참관하러 오신 교수님의 기분 등을 말이다. 여기, 매우 오랫동안 한 대상에게 마음을 빼앗겨 방대한 양의 기록을 남긴 관찰의 대가들이 있다. 그들은 대상의 몸짓 하나하나를 노트에 빼곡히 적었다. 이들의 또 한 가지 공통점은 대상을 바라보는 남다른 시선이다. 그 시선을 통해 남들이 미처 보지 못한 사실을 발견하고, 나아가 새로운 지식을 탄생시켰다. 관찰 대상을 세상 그 무엇보다도 독특한 존재로 만든 시선의 비밀은 무엇일까.

조용한 숲에서 일어난 이상한 일

나른한 일요일 오후, TV 프로그램 〈동물의 왕국〉을 시청할 때면 혼란에 빠지곤 했다. 막 알에서 깨어나 바다로 향하는 새끼 바다거북들을 먹어 치우는 바닷새들과 강을 거슬러 뛰어오르는 연어들을 한 손으로 낚아채 포식을 즐기는 곰을 볼 때가 그랬다. 화면에는 '비겁하고 치사한' 포식자 동물들이 갓 태어났거나 힘없는 동물들을 잡아먹고 있었다. 그런 '불공평하고 파렴치한 일'은 사나운 동물의 세계에서만 벌어지는 줄 알았다. 그러나 책 『신갈나무 투쟁기』는 이런 일이 조용한 식물의 세계에서도 펼쳐진다는 것을 알려

준다. 나아가 자연에서 좀 더 악하거나 좀 더 선한 쪽을 가리는 것이 무의미하다는 것을 이야기하고 있다.

책을 통해 만난 숲은 온갖 맹수가 경쟁하는 사바나 초원보다도 더 치열한 투쟁의 현장이었다. 소리도 움직임도 없지만 식물들이 분초마다 빛과 물, 그리고 영양분을 두고 다투는 장소가 바로 숲이었다. 가만 보니 모두가 제 역할에 최선을 다하는 것뿐인데 그 안에서 절대적인 악역을 가리는 것이 과연 무슨 의미가 있을까. 그보다는 이 투쟁가들이 매 순간 어떤 생각을 하는지 알아내는 것이 더 재미있는 일이 아닐까. 그들이 매 순간 어떤 선택을 하며, 그 판단은 어떻게 성공하고 실패하는지, 그러니까 그 치열한 삶은 어떻게 완성되는지 말이다.

『신갈나무 투쟁기』는 우리가 들을 수 없는 나무들의 주파수를 잡아내서 나무의 씨앗이 낙엽 사이를 굴러가는 소리, 땅속에서 뿌리를 뻗는 소리, 가지마다 작은 눈을 만들어내는 소리를 들려준다. 조용한 줄로만 알았던 숲은 사실은 요란한 폭발음이 가득한 세계였다. 어떤 나무는 필사적으로 다른 나무들보다 더 크게 자라고자 한다. 평생 다른 나무의 몸을 휘감은 채로 얹혀살기를 택한 넝쿨에게도 나름의 명분이 있다. 책을 읽다 보면 그 몸짓 하나하나에서 숨겨진 숲의 목소리를 들을 수 있을 것이다.

우리는 이제 숲속에 꼿꼿이 서 있는 신갈나무 한 그루가 되어 볼 것이다. 나무의 시간이 그렇듯 『신갈나무 투쟁기』속 시간은 사계절을 따라 흘러간다. 봄에 생의 첫 단계를 시작한 신갈나무 씨앗이 길고 뜨거운 여름 동안 쉴 틈 없이 제 몸집을 키워 가다 보면 어느새 가을이 되어 있고, 곧 겨울을 준비해야 할 때가 온다. 신갈나무뿐만 아니라 모든 나무들에게 계절은 가야 할 길을 알려 주는 이정표다. 나무는 하루 동안 쏟아지는 빛의 양과 흙의 촉촉함을 통해 계절을 추측한다.

그런데 왜 하필 작가는 신갈나무를 선택했을까. 많고 많은 우리 나무들 중에서 말이다. 신갈나무는 우리나라 숲의 지배자다. 신갈나무가 살아가는 방식은 이 땅에 최적화되어 있다. 모든 다른 나무들이 그를 닮고 싶어 한다. 숲에서 가장 오래되고, 가장 성실해 보이는 나무를 찾는다면 그것은 아마 신갈나무일 것이다. 그러나 아무리 거대한 신갈나무일지라도 그 시작은 조그만 씨앗이었다.

시작의 계절

신갈나무의 인생은 씨앗의 '낙하'에서 시작된다. 때를 기다린 어미 나무가 열매를 쥐고 있던 손을 놓으면 씨앗은 안전한 품이 되어 주던 어미 신갈나무에게서 떨어져 지상의 낙엽 더미 속으로 가라앉는다. 어미 신갈나무의 의지 반, 중력의 재촉 반으로 일어난 일이다. 어제 잠들었던 곳과 아주 다른 곳에서 깨어난 씨앗의 기분은 어떨까? 게다가 하룻밤 사이에 자신에게 양분을 공급해 주던 공급처도 사라져 버렸다. 잠시 땅에 막 낙하한 씨앗이 되어 보자.

"

열매는 고단함으로 지쳐 있다. 어미 품에서 자라던 그 안락함을 기억할 수 있다. 어미가 길어다 준 물과 양분으로 대접 받던 시절이었다. 그러나 과거를 그리워할 필요는 없다. 어미라고 해서 그리 넉넉한 형편도 아니었으며 이미 어미의 몸뚱이에는 어미와 한몸으로 자랄 또 다른 식구인 새눈이 가지 끝마다에 달려 있지 않았던가. 그에게는 미지의 세계에 대한 동경이 있다.

———————————————— 『신갈나무 투쟁기』 26쪽 **"**

드디어 신갈나무 인생의 첫 막이 올랐다. 그러나 썩거나 외딴 곳으로 굴러떨어지지 않고 푹신한 낙엽 층에 잘 자리 잡은 씨앗만이 지상으로 머리를 단 한 번 내밀어 볼 수 있다. 다른 많은 씨앗들은 다시는 태양을 보지 못한 채, 어둡고 축축한 곳에서 잠들어 버린다.

그런데 작가는 숲이 미처 싹 틔우지 못한 씨앗들로 또 한 번 놀라운 드라마를 만들어 낸다고 말한다. 싹이 트지 못한 열매들은 분해되어 주변에 있는 나무들의 뿌리에 흡수된다. 모든 것이 유기적으로 연결된 숲이라는 공간에선 작은 씨앗의 죽음도 의미 없지 않다. 씨앗의 실패는 누군가에게 전가되는 것이 아니라, 또 다른 새로운 생명에 투자된다.

작가는 오히려 살아남은 씨앗들을 더 걱정해야 한다고 이야기한다. 무사히 싹을 틔운 것만으로도 칭찬할 일이지만, 갓 태어난 신갈나무에게 주어진 숲의 자원은 생각보다 충분치 않다. 진정한 경쟁은 지금부터다. 우리 인간과 숲의 다른 동물들에게 봄은 간지럽고 아름다운 계절이지만, 어린 나무들에게는 두려움 가득한 인생의 서막이나 다름없다.

신갈나무, 숲의 주인

　　생존 경쟁에 본격적으로 뛰어든 신갈나무들이 그 어떤 경우에도 양보할 수 없는 건 바로 빛이다. 나무를 자라게 하는 빛은 숲 생태계의 공식 화폐이다. 이제 신갈나무는 평생에 걸쳐 빛을 사수해야 한다. 그러기 위해서는 고지를 차지해야 한다. 즉, 내 옆의 나무보다 내 키가 더 커야 한다.

　　하지만 완전히 성장하지 않은 어린 신갈나무는 생산하는 것의 반 이상을 뿌리 속에 저장해야 한다. 당장 잎을 많이 만들어 뒤야 할 것 같아도, 키를 한 뼘이라도 더 키워야 할 것 같아도 생산량의 절반을 수년 동안 저장만 한다. 그러다가 때가 되었을 때 드디어 키를 늘리기 시작한다. 그간 모아 둔 것을 가지고 말이다.

　　인간의 나이로 치면 청소년기에서 벗어나지도 못했을 나무가 보여 주는 이런 모습을 보면 나무가 짊어진 어떤 숙명 같은 것이 느껴진다. 작가도 비슷한 생각을 했던 걸까?

"

　　신갈나무는 숲의 주인으로 운명 지어진 족속이다. 잔가지를 내고 가지마다 잎을 내고 꽃을 내고 그저 낮은 데서 적은 빛으로 살아가는 무리가 아니라, 숲의 높은 곳에 우뚝 서서 많은 나무를 아래로 거느리고 승리의 왕관을 쓰고 싶은 족속인 것이다. 그래서 어린 나무는 이 과정을 극복해야 한다.

─────────────────── 『신갈나무 투쟁기』 66쪽 99

신갈나무가 숲의 제왕이 될 수 있었던 이유는 타고난 운명 그 자체였다기보다는, 그 운명을 완수하기 위해 자신에게 내려진 지침을 매 순간 잊지 않으려는 자세를 갖추었기 때문이 아닐까. 그 운명을 기억하기에 가진 것을 당장에 쓰지 않고 기다릴 수 있고, 고지를 향한 경주에 겁먹지 않고 뛰어드는 것일 테다. '젊을 때 많이 얻어 두어야 나중에 늙어서 버릴 것이 생긴다'고 생각한다는, 또래이지만 너무나 존경하는 피아니스트 조성진 씨의 말이 생각난다. 그가 갖고 있는 것은 어쩌면 어린 신갈나무가 가진 바로 그 자세인지도 모르겠다.

어리고 위태롭던 나무는 어느새 겨울을 나고 꽃을 피우며 어엿한 어른 신갈나무가 된다. 몇 번의 계절이 더 지나면 곧 작은 열매노 냇는나. 신기히게도 책을 읽다 보면 나무의 이야기가 내 이야기처럼 읽히는 순간이 온다. 여느 과학책을 읽을 때와는 다른, 뇌의 다른 부분을 쓰게 되는 때이다. 더 이상 과학책이 아니라 하나의 삶을 다룬 이야기로 읽히는 이 순간, 우리는 나무의 일생에서 우리 삶에 대한 어떤 힌트를 얻는다. 신갈나무의 일생을 보면서 우리가 지금, 삶의 어떤 순간을 지나고 있는지 되짚어 보는 건 어떨까? 각자의 운명을 잊지 않기 위해서 말이다.

자연은 편들지 않는다

어쩌면 이 모든 이야기는 신갈나무의 입장에서 쓰인 '신갈나무 신화'일지도 모른다. 신갈나무도 누군가에겐 천적일 테니까. 그의 기세에 눌려 햇빛 한 조각 못 본 어린 나무들이 숲에는 수도 없이 많다. 게다가 신갈나무는 양분을 한 모금 얻어먹으려는 곤충들에게 줄기 속에 저장해 둔 것을 한 치도 양보하지 않는 것으로 유명하다. 그러나 작가는 우리에게 더 큰 이해의 폭을 제안한다.

"

사실 따지고 보면 자연에서 적이 아닌 것이 어디 있으며 한편으로 진정한 적은 또 누구인가. 그저 주어진 조건에 따라 제

삶을 살아가는 것인데. 만일 적과 동지가 있다면 진작 이 숲은 강한 놈들의 천지가 되었을 것이다. 그러나 숲은 항상 다양한 생명들로 채워져 있다. 예측불허의 사건들 역시 숲을 통째로 혹은 부분적으로 흩뜨려 다양성을 창조하고 강자를 견제한다.

─────────────── 『신갈나무 투쟁기』 260쪽 **"**

사람의 기준으로 숲에서 누가 나쁘고, 누가 착한지 판단하는 건 아무래도 의미 없는 일 같다. 예측할 수 없는 우연이 가득한 생태계 속에서는 누구라도 자신을 지키기 위해 다른 이에게 악역이 될 수밖에 없으니까. 모든 동물이 순간순간 자신의 역할에 충실한 덕분에 생태계의 풍성함이 유지된다.

책은 무조건 신갈나무의 편만을 들지 않는다. 그저 신갈나무의 관점을 택했을 뿐이다. 숲속의 많은 일은 생각보다 더 많이, 우연에 의해 좌우된다. 어떤 잎 모양이, 어떤 장소가 생존에 더 유리할지는 상황에 따라 답이 너무도 다르다. 다만 작가는 온갖 변인들이 가득함에도 불구하고 자기가 세워 올린 삶을 꿋꿋하게 살아가는 모든 숲속 구성원의 성실함과 진지함을, 신갈나무라는 한 식물을 통해 조망하려 했다. 신갈나무의 목소리로 여기 이런 삶이 있다고 외치고 있는 책, 『신갈나무 투쟁기』였다. 모든 삶은 관찰될 가치가 있다고 말하는 작가의 목소리도 함께 들리는 듯하다.

자연은 스스로 청소한다

24

우리는 보통 크고 작은 것들을 잊으며 산다. 불행히도 중요한 걸 좀 더 잘 잊는다. 사람에 따라 다르겠지만, 방이 더러워지면 청소를 해야 한다는 아주 기본적인 사실조차 잊어버리는 나 같은 사람도 있다. 내 기숙사 방 안의 엔트로피는 언제나 거의 가능한 범위 안의 최대치를 찍는다. 어쩌다 한번 청소를 하는 때는 아무것도 안 하고 있기에는 많이 심심하다거나, 도저히 걸어 나닐 공산이 없을 쯤우다. 그린데 말이다, 어쩌다 한번 청소를 한답시고 기숙사 창문을 열고 창밖의 숲을 바라보면, 그곳에는 어지러운 내 방과는 완전히 다른 세계가 펼쳐져 있다.

어떤 시스템 속의 '어지러움' 또는 '혼란스러움'의 정도를 가리키는 엔트로피는 창문 바깥의 자연 세계에서는 결코 일정 수준 이상으로 증가하는 일이 없다. 모든 생물들이 약속이라도 한 듯, 스스로 주변을 청소하기 때문이다. 누가 시키지도, 가르쳐 주지도 않았는데 그 복잡한 과정을 '알아서' 시작하고 끝맺는다.

조그만 다람쥐가 불행히도 차에 치여 죽음을 맞이했다고 하자. 더운 여름날, 다람쥐가 놓여 있던 자리에서 사체가 말 그대로 '사라지는' 데는 불과 일주일도 걸리지 않는다. 먼저 수많은 송장벌레와 파리들이 달라붙어 다람쥐의 겉가죽을 벗기면, 큰 살덩어리들을 매나 까마귀 등 덩치 큰 새들이 집어 간다.

생태학적 관점으로 보면 죽음은 자연에서 일어나는 가장 중요한 일 중 하나다. 『생명에서 생명으로』는 자연에서 죽음이 어떻게 일어나는지 보여 주는 책이다. 자연의 청소부들이 어떻게 죽음이라는 과정을 완성시키는지 쫓아가 보자. 그러나 그 전에, 작가 베른트 하인리히를 먼저 만나러 가야 한다.

철학자를 만드는 숲

　베른트 하인리히는 일찍이 꿀벌의 사회 현상을 연구한 논문과 까마귀의 행동에 대한 연구로 주목받았다. 그리고 『까마귀의 마음』* 등의 책으로 단숨에 전문 생태학자로 자리 잡았다. 그 능력을 인정받아 UCLA에 이어 UC 버클리 대학에서 교수로 일한 지 6년째가 되었을 무렵, 그는 메인 주의 숲속에 통나무집을 짓는다. 그러고는 교수 직함을 훌렁 벗어던지고 그곳에서 살기 시작한다. 참으로 독특한 사람이 아닐 수 없다. 그는 이때부터 본격적으로 글을 쓴다. 『동물들의 겨울나기』 『숲에 사는 즐거움』 등 숲에서의 생활을 다룬 책을 출간한다.

　하인리히의 유년기는 숲에 대한 그의 애착이 어떻게 시작됐는지 잘 설명해 준다. 그는 나치를 피해 가족과 몇 년간 독일의 숲을 떠돌며 산 경험이 있다. 결코 다시 돌아가고

✛

『까마귀의 마음』 : 그의 초기작 중에도 재미있는 것들이 많다. 『생명에서 생명으로』가 여러 동물들을 다룬다면 『까마귀의 마음』은 도래까마귀만을 집중적으로 탐구하며 얻은 그들의 지능에 관해 재미있는 사실들을 담았다.

싶지 않은 시간이겠지만 그때의 일은 한편으론 어린 소년이었던 하인리히에게 온종일 홀로 숲을 누빌 시간을 마련해주었다. 그의 아버지는 소리 없이 새에게 다가가는 방법, 독버섯과 먹을 수 있는 버섯을 구분하는 방법 등을 알려 줬다고 한다. 이때 하인리히가 체득한 것들이 후에 그가 어른이되어 숲에 돌아왔을 때도 어색함 없이 빠르게 적응할 수 있도록 해 주지 않았을까.

숲을 찾아가는 이 생물학자의 뒷모습에선 철학자의 모습이 언뜻 비친다. 지금껏 숲으로 찾아간 많은 사람들은 다들 철학자가 되어서 나왔다. 검소한 삶의 방식을 연습하고 싶었던 시인 헨리 데이비드 소로, 작곡이 안 될 때 머리를 식히고 싶었던 베토벤 등 모두가 그랬다. 숲에는 관찰할 대상이 널려 있다. 숲을 찾은 사람들이 마음껏 관찰하고 생각하도록 말이다.

죽음은 완성되어야 한다

베른트 하인리히는 숲속에서 일어나는 온갖 '죽음'을 관찰했다. 책의 첫 두 장은 송장벌레와 작은 새(가금류)가 작은 동물의 사체를 깔끔하게 분해하는 과정을 소개한다. 아마 여러분이 가장 먼저 만날 이는 송장벌레들일 것이다. 하인리히의 꼼꼼한 기록을 옮겨 보았다. 조금은 징그러울지도 모른다.

> " 송장벌레에게는 뭔가를 움켜쥘 수 있는 발이 없으므로, 암수는 사체 밑으로 기어들어가서 등을 땅에 대고 발을 하늘로 치켜든 뒤 땅이 아닌 사체를 '걷는' 방식으로 사체를 옮긴다. 송장벌레들이 등을 땅에 단단히 붙인 상태에서 생쥐를 일부만이라도 들어 올릴 수 있다면, 생쥐는 앞으로 나아가게 되어 있다. … 두 송장벌레는 선택한 장소로 생쥐를 옮긴 뒤, 사체 밑에서 흙을 옆으로 밀어내는 방식으로 땅을 판다. 구덩이가 차츰 깊어지고, 이제 차츰 말랑해지고 있는 생쥐의 주검이 안쪽으로 접히면서 서서히 흙에 파묻힌다. 송장벌레들은 일단 10여 센티미터 깊이로 사체를 묻은 뒤, 동그란 공처럼 말면서 털을 제거한다. 그리고 항문에서 분비되는 항생 물질을 사체에 뿌린다. 세균과 곰팡이를 죽여 귀한 식량이 상하는 걸 막는 것이다.
>
> 『생명에서 생명으로』 19쪽 "

충격적인 사실이지만, 송장벌레에게 작은 동물의 사체

는 번식지이자 애벌레들이 처음 눈을 뜨는 공간이다. 애벌레들은 어미새에게 먹이를 달라고 짹짹거리는 새끼 새들처럼 찍찍 소리를 내어(사체 속에 파묻힌 채로!) 어미 송장벌레를 연신 불러 댄다. 아니 그런데, 사체에서 번식을 한다니! 송장벌레는 낭만을 포기한 것일까? 하지만 그들이 이곳을 신혼집으로 삼은 데에는 이유가 있다. 송장벌레의 입속에서 부드럽게 분해된 사체는 새로 태어난 생명에게 전달된다. 즉, 사체가 또 다른 형태의 에너지로 전환되는 것이다. 어느 정도 자란 유충들은 보다 적극적으로 직접 사체의 피부를 뚫기도 한다. 철저하게 자신들의 생존을 위해서만 사체를 활용하는 송장벌레들이지만 낭비나 오용은 전혀 없다. 이것이 한 생명의 마지막을 완성하는 데 있어, 가장 '자연스러운' 방식이 아닐까.

가라앉는 죽음, 느린 죽음

죽음도 진화 못지않게, 심지어 진화보다 훨씬 빠른 속도로 하나의 생태계에 영향을 미칠 수 있다. 생태계에 다양성을 추가하거나, 변화의 속도를 높이는 방법으로 말이다.

하인리히는 이 사실을 보여 주고자 책에서 바다에서의 죽음, 식물의 죽음 등 다양한 방식의 죽음을 소개한다.

땅에서 죽음을 맞이하는 모든 생물은 대부분 살던 곳과 멀지 않은 장소에서 분해된다. 그러나 바다에서는 다르다. 바다에서 죽은 모든 것은 심해로 깊이 가라앉는다. 그렇게 되면, 죽음은 살던 곳에서 아주 멀리 떨어진 곳에서 '완성'된다.

'고래 낙하'라는 독특한 이름의 생태학 연구는, 거대한 고래가 죽은 후 바다 밑바닥까지 가라앉으면서 그의 사체가 어떤 과정을 거쳐 분해되고 재생되는지를 다룬다. 1987년 어느 날, 하와이의 한 해양학자가 해저에 거대한 고래 뼈가 가라앉은 모습을 발견했다. 그리고 그곳에 붙어 살고 있는 세균과 조개를 보고 크게 놀란다. 이것이 고래 낙하 연구의 시작이었다고 한다.

해양 생태계는 한 종류로 묶기 어렵다. 그래서 학자들은 해양 생태계를 총 세 가지로 분류한다. 우선 두 가지 생태계는 수면 근처의 생태계, 심해에서의 생태계다. 수면 생태계는 태양 에너지에 의존한다. 반면 심해에는 황화 수소를 내뿜는 열수 배출구 주변에서 그것을 에너지원으로 사용하는 세균들로 이루어진 생태계와, 냉수 분출구 주변에서

메탄 가스를 식량으로 하여 살아가는 세균들로 이루어진 또다른 생태계가 존재한다.

그리고 세 번째가 죽은 고래에 의존하는 새로운 생태계다. 고래가 해저에 내려앉자마자, 낮은 수온에도 불구하고, 수많은 청소동물들이 몰려든다. 이 동물들은 차례를 잘지킨다. 고래의 살점을 먹는 돔발상어와 먹장어는 자신들의 피부로 직접 영양분을 흡수한다. 살점이 제거되면 남는 것은 뼈다. 뼈는 처리되는 데 시간이 가장 오래 걸리는 부위다. 다음은 다모류의 차례다. 지네를 닮은 벌레인 다모류는 제곱미터당 4만 마리나 되는 밀도로 사체를 뒤덮고 고래 축제를 즐긴다.

다모류가 떠난 다음은 재활용 전문가인 세균들의 차례다. 세균은 뼈 속 지방에 남아 있는 영양분을 분해하는 도중 이산화 황을 얻는데, 이 이산화 황을 이용하여 유기 분자(탄소와 산소, 수소 원자로만 이루어진 원자 덩어리. 살아 있는 것들의 살과 뼈, 피를 구성하는 성분)를 합성한다. 이들 화학 합성 세균들이야말로 고래 생태계를 유지시키는 가장 중요한 존재다. 지상에 식물이 있다면 심해에는 이들이 있다. 이들은 광합성을 통해 공기 중에 이산화 탄소를 보급하는 식물처럼 심해의 생산자인 것이다.

마지막은 눈치 빠른 벌레 '오세닥스'의 몫이다. 오세닥스 역시 고래 뼈의 지방을 흡수하지만 특이하게도 그것을 자기 몸속에 공생하는 세균들에게 먹인다. 몸속에 작은 공장을 지어 놓고 세균들에게 자기를 위한 에너지를 만들게 할 속셈인 거다.

엄청난 수압을 견딜 수 있는 심해 연구 장치를 사용해야만 관찰할 수 있는 바다 밑바닥의 고래 사체 분해 모습은 이토록 다채롭다. 그 어떤 해양 과학자의 시나리오보다도 인상적이다. 고래는 해양 생태계에서 하나의 섬 같은 존재다. 심해의 생물들에게 고래는 완전한 외부인이다. 살던 곳에서 수백 킬로미터를 헤엄쳐 올라간 곳에서 죽는 연어처럼, 고래는 심해와 가장 먼, 바다의 최상층으로부터 온 존재가 아닌가. 고래의 사체는 심해의 생물 다양성을 폭발적으로 증가시킨다. 고래 낙하에 숨겨진 비밀을 더 밝혀낸다면 해양 생태계에 관한 완전히 새로운 사실을 알아낼 수 있을지 모른다.

"

낙하한 고래 주검에서 확인된 대형 동물상은 400종이 넘는다. 어느 한 주검에 모이는 종류만 헤아려도 100종이 넘는다.

어느 시점이든 수많은 종류의 청소동물 수만 마리가 고래 뼈
대에서 열심히 분해 작업을 하고 있을 것이다.

———————————— 『생명에서 생명으로』 221쪽 **"**

식물의 죽음도 매우 흥미롭다. 식물들은 매우 '천천히'
죽는다. 피도, 고약한 악취도 없이 말이다. 물, 햇빛, 몇 가지
미네랄로 이루어진 식물의 몸은 풍부한 영양분 덩어리이기
때문에 식물의 사체는 주변의 딱정벌레나 균류, 세균에게
영양분으로 흡수된다. 그래서 식물의 죽음은 하나의 생화학
적 현상으로 볼 수 있다고 말하는 학자들도 많다. 식물은 이
렇게 자신만의 또 다른 방식의 죽음, 느리고 정적인 죽음을
택해 다시 구성 원소 차원으로 돌아간다.

죽음도 허투루 쓰지 않는다

어떤 생물들의 죽음은 끝이라 하기도 머쓱할 만큼 즉
시 다른 생명의 시작으로 연결된다. 이때 이 전환에 참여하
는 생물들의 방식은 너무나 다양하다. 고래의 주검처럼 사
체가 다른 생물을 위한 영양분이 되기도 하고, 그곳에서 다

채로운 생태계가 만들어지기도 한다. 죽음이 어쩌면 진화의 한 방식일 수도 있을까. 죽음을 활용해 종족의 번식을 도모하는 종, 연어의 이야기를 들어 보면 알게 될 것이다.

연어는 고향의 민물로 진입한 그 순간부터 죽음을 맞이하기 위한 준비를 시작한다. 호르몬 변화로 몸통의 색깔이 바뀌고, 턱도 길어진다. 산란 후에는 먹이를 먹지 않기까지 한다. 일부러 죽음을 재촉하는 듯한 이런 행동은 무엇을 위한 것일까. 연어들은 거의 예외 없이 자신이 태어난 고향의 민물로 돌아온다. 그 때문에 먼저 민물에 도착해 산란한 다른 연어의 알을 먹어 버릴 가능성도 생긴다. 연어가 고향이 가까워짐에 따라 자신의 죽음을 재촉하는 것은 혹시 모를 후손의 희생을 막기 위한 큰 그림이었던 것이다.

이렇듯 죽음은 생명체에게 적응의 한 방식이기도 하다. 한 생명의 끝맺음까지 허투루 쓰지 않는 자연의 현명함을 접하니 인간의 아둔함이 더욱 커 보인다. 인간은 자신이 생태계에 어떤 영향을 미치는지 무지한 상태에서 스스로 파멸을 향해 가고 있다. 그런 동물은 인간이 유일하다. 때문에 죽음이 이루어지는 과정을 알고, 이 과정에서 얻어지는 자원을 자연이 어떻게 다시 활용하는지 이해하는 것은 지금 우리에게 그 어떤 지식보다도 중요하다.

죽음이라는 과정 속에서 자신이 해야 할 일을 정확히 아는 풀숲의 동물들과 성실한 세균들처럼, 인간도 언젠가 자연에 이로운 것을 남길 수 있게 될까. 하인리히는 세밀한 관찰자의 시선으로 죽음을 연구하면서 인간의 가장 어리석은 부분들을 들추어냈다. 그의 다음 관찰 대상은 무엇일지, 그 관찰은 우리에게 또 어떤 새로운 지식을 남길지 몹시 기다려진다.

침팬지를 찾아 정글로

세상에서 제일 재밌는 일 중 하나가 관찰기를 읽는 것이다. 다른 이의 세상에 허락 없이 몰래 들어간 느낌이랄까. 잘 들여다보지 않으면 쉽게 눈에 띄지 않는 세계에 가까이 가 볼 수 있는 것은 관찰기를 읽는 자들만이 누릴 수 있는 행운이다. 관찰 대상에게 몸과 마음을 완전히 다 주고서 써 내려간 글 속에서 관찰자들의 환희를 엿볼 수 있으니.

우리가 너무도 잘 아는 침팬지 연구의 대가, 제인 구달이 쓴 『인간의 그늘에서』는 적극 추천하고 싶은 관찰기로, 그녀가 침팬지 연구를 위해 홀로 향한 탄자니아 곰비의 정글에서 쓴 몇 년간의 기록이다. 이 책은 읽는 이들에게 경이로운 침팬지 사회의 이면을 보여 준다. 정글은 지구상의 그 어떤 장소와 비교해도 더 큰 생물 다양성을 갖고 있다. 머리 위로는 넝쿨과 새, 원숭이가 사는 나무 위의 세계가 있고 발 아래에는 지표면에 서식하는 곤충과 식물들의 군집이 펼쳐진다. 두 세계는 분명히 연결되어 있지만 동시에 극명하게 분리되어 있다. 정글을 찾아간 모든 생태학자는 이토록 거대한 자극의 천국에서 단 하나만 관찰해야 한다는 상황이 고민스러울 것이다. 그렇다면 구달이 침팬지를 택한 이유는 무엇일까?

　　영화 〈혹성탈출〉⁺을 본 적 있으신지. 이 영화는 침팬지, 혹은 유인원⁺⁺과 인간의 경계를 허문다. 영화에는 인간만의 능력이라고 불리는 언어와 사고력을 빼앗긴 인간이 등장한

✦

영화 〈혹성탈출〉 : 2000년대에 꾸준히 개봉해 우리가 알고 있는 영화 〈혹성탈출〉 시리즈는 사실 무려 40여 년 전에 탄생한 1968년 작 영화 〈혹성탈출〉이 원조다. 프랑스 소설 『Planet of Apes』를 원작으로 탄생한 이 영화는 여러모로 1960~1970년대 SF영화의 황금기를 연 작품이다. 총 제작비의 15%가 투입된 유인원 분장은 아카데미 시상식이 '분장 부문 특별상'을 만들었을 정도로 그 당시로서는 획기적이었다. 또한 결말에서 영화사에 길이 남을 충격적인 반전을 탄생시키기도 했는데 '낯선 행성에 떨어졌는데 그 행성이 사실은 지구였다'는 설정이 바로 그것이었다.

다. 어쩌면 침팬지 연구의 의미는 여기에 있을지도 모른다. 유인원과 인간을 구분하는 특징은 무엇일까. 이전에 침팬지와 인간이 공유한 특징은 무엇일까. 지금부터 침팬지를 통해서 인간의 참모습을 보려고 했던 동물 행동학자 제인 구달의 긴 여정을 따라가 보자. 그녀가 어떻게 자신만의 관찰 양식을 완성해 갔는지도 엿볼 수 있을 것이다.

가장 자세한 침팬지 관찰기

제인 구달은 거의 세 달 동안이나 정글 이곳저곳을 뛰어다닌 끝에 드디어 침팬지들을 가까이서 관찰할 기회를 얻는다. 잔뜩 경계 태세를 갖추던 때가 언제인지도 모르게, 침팬지들은 어느새 그녀가 먹고 자며 생활하는 캠프를 자유로

++
뉴인원 : 침펜지, 고릴리, 오랑우탄 등 인갑상과(Hominoidea)의 포유류. 인간과 아주 많은 공통점이 있다. 뇌가 크다는 점, 반직립 또는 직립 자세를 취한다는 것이 비슷하며, 두개골의 구조도 비슷하다. 꼬리가 없다는 것도 공통점이며, 편평한 몸통을 갖는 것도 유사하다. 침팬지는 이 유인원들 중에서도 인간과 가장 비슷한 동물이다.

이 드나들기 시작한다.

　그녀는 무리에 새로 도착한 암컷 한 마리가 수컷에게 달려가 손을 내밀자 수컷이 위엄 있게 손을 뻗어 암컷의 손을 잡고 자신에게로 끌어당겨 뽀뽀하는 장면이나, 새끼들이 나무에 매달려 경쾌하게 몸을 흔들며 발가락을 만지작거리는 장면, 혹은 어른 침팬지들이 서로 털 고르기를 해 주는 모습 등 여러 인상적인 장면들을 상세하게 기록한다. 단순한 기록을 넘어, 그녀는 수컷에게 '국왕처럼'이라는 단어를 사용하여 침팬지의 행동을 묘사하거나, 새끼들의 모습을 '유쾌하다'라고 적는 등 여러 개성 넘치는 표현들도 아끼지 않는다. 그 묘사들을 읽고 있노라면 침팬지를 향한 그녀의 숨길 수 없는 애정이 느껴진다. 읽는 이 역시 미소를 짓게 된다.

　침팬지는 무리지어 생활하는 동물이다. 그 무리 속에는 항상 우두머리 수컷(alpha male)*이 존재한다. 구달이 침팬지 무리와 막 가까워지기 시작했을 때 그녀는 무리의 우두머리인 데이비드 그레이비어드를 만난다. 잘생긴 얼굴과 눈에 잘 띄는 은빛 수염을 가진 침팬지였다. 그는 무리의 다른 침팬지들을 진정시켜, 그녀가 더 가까운 곳에서 그들을 관찰할 수 있도록 만들어 주기도 했다. 구달은 데이비드 그레이비어드가 인간인 자신을 가장 두려워하지 않는 침팬지라는 인상을 받았다고 적었다.

그녀는 정글에 처음 발 디뎠을 때에 비해 놀랄 만큼 침팬지들과 가까워진다. 그들의 행동에 담긴 의도를 하나하나 파악하고, 표정만으로도 그들의 감정을 읽을 수 있을 정도로 말이다. 그동안 그녀에게 쌓인 것은 무엇이었을까. 그녀의 눈은 무엇을 볼 수 있게 된 걸까. 동물 행동학이라는 학문의 형태도 잡히지 않았던 시절, 그녀는 곰비의 정글에서 홀로 어떤 동물 행동학을 만들고 있었을까.

40

✚
우두머리 수컷 : 동물의 무리에서 우두머리 수컷은 매우 중요한 존재다. 침팬지의 우두머리 수컷은 같은 무리의 다른 어떤 수컷들보다도 가장 많은 암컷을 거느린다. 우두머리 수컷의 손새로 인해 수컷들 사이에는 자연스럽게 서열이 생긴다. 예를 들어 짝짓기 철에 다른 수컷들은 암컷들이 다른 누구보다도 우두머리 수컷과 먼저 교미하는 것을 지켜보면서 자신의 차례를 기다려야 한다. 동물 사회에 무언의 규칙을 부여하는 것 중 하나가 바로 이 우두머리 수컷의 존재다.

새로운 동물 행동학의 탄생

사실 동물 행동학은 '통계학'이나 '수리 물리학'처럼 관찰 대상(혹은 현상)을 정량화하는 학문은 아니다. 또는 '개체군 유전학'처럼 한 개체군의 전체 유전자 모임 속에서 우리가 찾고자 하는 특정한 유전자의 비율 등을 계산하는 작업을 필요로 하지도 않는다. 대신에 비교적 긴 시간의 관찰을 통해 하나의 '이야기'를 얻는 학문이다. 코끼리들이 하나의 무리로서 새로 태어난 코끼리를 어떻게 함께 양육하는지, 침팬지 어미들이 어떻게 새끼와의 애착을 떼어 내는지 등의 이야기들 말이다.

이런 이야기들은 정량화할 수 없는 대신 관찰자 나름의 '해석'이라는 도구를 통해 유의미한 사실, 과학적 설명이 된다. 우리에게 잘 알려진 생물학자인 최재천 교수도 '해석'은 과학적 센스와 상식적 센스가 동시에 발휘되어야 한다는 의견을 말한 바 있다. 과학적 센스로는 탄탄한 이론적 배경에 근거한 해석을, 상식적 센스를 통해서는 한쪽으로 치우치지 않은 객관적인 해석을 만들 수 있다.

바로 이러한 동물 행동학의 기초를 닦은 것이 제인 구달이다. 그 기저엔 그녀만의 독특한 관찰 방식이 있었다. 그

것은 바로 침팬지 각각에 마치 사람처럼 이름을 붙이는 것이었다. 늙은 암컷인 어미 침팬지에게는 '플로', 그녀의 장난꾸러기 아들에게는 '플린트', 플린트의 누나에게는 '피피'라는 이름을 붙였다. 플로를 따라다니는 수컷 침팬지들은 '제이비'와 '데이비드'라는 이름을 갖게 됐다.

한 침팬지를 두 번째 보았을 때, 그녀는 그 침팬지가 누군지 분명히 안다는 확신이 들면 이름을 붙였다. 사실 몇몇 과학자들은 그녀의 이런 방법론을 두고 동물들을 의인화+하는 것이라고 비판하기도 했다. 하지만 그녀는 항상 개체들 간의 차이에 관심을 두었기에 각 객체에게 가장 어울리는 이름을 붙이는 것만큼이나 그들을 잘 식별할 방법은 없다고 생각했다. 책 속에서 제인 구달이 자신이 지은 대부분의 이름들은 그 침팬지와 잘 어울리는 것들이었다고 말하는 대목에서는, '이름 짓기' 작업이 그녀에게 단순한 연구의 의미 이상으로 애정을 쏟은 일이었다는 사실을 알 수 있다.

+
의인화 : 사람이 아닌 것을 사람인 것처럼 표현한 것 또는 동물의 행동을 인간의 모습에 빗대어 표현하는 것을 의인화라고 한다. 동물 행동학에서는 동물의 행동을 객관적으로 바라볼 수 없게 하고 관찰자 자신도 모르게 인간의 관점을 적용하게 할 수 있는 의인화를 금기시하고 있다.

예컨대 드라마에서 등장인물 각각의 특징이 모여 전체적인 이야기가 완성되듯, 그녀는 침팬지 한 마리 한 마리의 성격과 특징, 매력, 그리고 욕망을 잘 이해해야만 그들의 사회를 이해할 수 있다고 생각했다. 뒤에서 살펴볼 20세기 초의 유전학자 바바라 매클린톡의 말에서도 비슷한 부분을 발견할 수 있다. 매클린톡은 학문하는 사람들의 분류하고 수치화하는 습관이 오히려 개체 사이의 '다름'을 간과하게 만든다고 지적했다.

어떤 한 대상을 특정 범주로 분류할 수 없을 때, 그 대상이 드러내는 중요한 '차이'를 보지 못하고 대상을 예외 혹은 이탈로 취급해 버리는 것. 관찰에 있어서 그것은 큰 손실이자 '실제 무슨 일이 벌어지는지'를 놓치는 일이었다. 매클린톡은 유전학자로서 염색체들의 움직임 관찰에서 이를 놓치지 않고자 했고, 제인 구달은 침팬지들의 행동과 습성을 관찰할 때 이를 계속해서 인지하려 노력했다.

인간의 사회가 그러하듯이, 믿을 수 없을 정도로 다양한 감정과 관계들이 침팬지 사회를 지탱한다. 구달이 전하는 어린 플린트가 엄마 플로에게서 독립하는 과정, 소아 마비에 걸려 무리에게서 따돌림 당한 맥그리거를 오랜 친구인 리키가 지켰던 행동, 젊은 수컷 마이크가 결국 기존의 우두

머리를 제치고 왕위에 오른 일 등을 바라보며 우리는 침팬
지 사회에서 애착과 회피, 양육과 독립, 사랑과 우정 등 다
양한 요소들을 발견하게 된다.

비록 정석은 아닐지라도 무언가 독창적인 것은 사람들
의 머릿속에 오랫동안 남는다. 제인 구달의 방법을 동물 행
동학의 정석으로 볼 수 있을지는 단언할 수 없다. 허나 그녀
는 특별하다. 하루 종일 침팬지를 관찰하는 일에 누구보다
도 먼저 뛰어들어 자신만의 관찰 양식을 창조했다는 점에서
그 특별함이 나온다. 그녀의 글에서도, 침팬지를 보는 시선
에서도, 사진에 찍힌 그녀의 옆모습에서도 그녀 특유의 반
짝임은 도통 숨겨지지 않는다. 『인간의 그늘에서』를 읽는
것은 관찰자 제인 구달의 특별함을 찾는 모험이 될 것이다.

침팬지와 같이 살아가는 법

침팬지에 대해 더 많은 걸 알고 싶다면, 그들을 통해서
우리 자신에 대해 더 잘 알고 싶다면, 그리고 이 두 존재가
더 오래 함께할 수 있는 방법을 알고 싶다면, 『인간의 그늘
에서』를 탐독해 보자. 제인 구달이 자신의 삶을 바쳐 만든

그녀만의 과학이 담겨 있다.

동물 이야기를 싫어하는 사람이 어디 있을까. 동물들의 이야기를 들을 때 마음이 누그러지지 않는 사람이 어디 있을까. 동물을 관찰한 이야기들은 그 내용만으로도 매력적이지만, 한편으론 우리와 동물들이 함께 살아가야 한다는 것을 상기시킨다. 더 많은 이들이 동물들의 이야기, 동물 관찰기를 읽어야 할 이유가 바로 이것이다. 구달은 아직까지도 전 세계를 누비며 이 사실을 당부하고 있지 않은가.

인간과 침팬지가 지구상에 함께 존재한 기간은 지구의 긴 생명 역사에 비하면 분명히 찰나의 순간에 지나지 않는다. 그러나 짧은 순간일지라도 우리가 이 존재에게서 무언가를 배울 수 있다면, 우리는 우리 자신에 대한 완전한 이해라는 커다란 목표에 한 걸음 더 다가갈 수 있을지 모른다. 그럴수록 우리는 한층 더 겸손해질 수밖에 없을 것이다.

방탄소년단 〈세렌디피티〉에 숨은 과학 코드

지금, 방탄소년단(BTS)만큼 주목받는 아티스트가 또 있을까? 고등학교 때 친구가 보여 준 영상 속에서 처음 보았던, 좁은 연습실에서 〈I need you〉를 연습하던 그들이 이제 전 세계를 누비며 공연하는 월드 스타가 되었다. 오히려 한국으로 '내한 공연'을 온다고 할 정도다. 그런데 아무래도 직업병이 있는 건지 그들의 노래에서 다른 것보단 제목과 가사를 뜯어보게 된다. 최애(가장 아끼는 멤버를 지칭하는 말) 지민의 노래라 유독 더 관심이 갔던 〈세렌디피티〉에는 '푸른곰팡이'와 '삼색 고양이'라는 단어가 등장하는데, 과학을 공부하는 나를 자극하기에 충분했다. 상당히 궁금해졌다. 다섯 글자로 라임(rhyme)까지 맞게 쓰인 이 두 단어들은 어떤 뜻으로 쓰인 가사일까?

46

    가사의 의미를 곱씹어 볼 겸 잠시 과학 이야기를 해 보자. 먼저 곰팡이 얘기다. 푸른곰팡이(penicillium)는 인류에게 가장 중요한 박테리아 균주다. 최초의 항생제를 발견하게 한 일등 공신이기 때문이다. 상처가 나도 소독 외에는 다른 방법이 없었고, 추가적인 세균 감염으로 죽음에도 쉽게 이르렀던 과거에 항생제의 등장은 상처 치료의 새로운 가능성을 열어줬다. 영국의 세균학자였던 알렉산더 플레밍을 아는가? 그는 푸른곰팡이에게서 페니실린(penicillin)이라는 항생 물질, 최초의 항생제를 추출해 냈다.

    그런데 중요한 건 플레밍이 푸른곰팡이의 항생 물질을 발견한 것은 순전히 우연이었다는 것이다. 의사로도 활동했던 그는 환자의 몸에서 세균 성장을 억제할 만한 물질이 무엇인지 찾고자 했다. 그를 위해 여러 종류의 세균을 배양 접시에 키워 두고 침, 콧물 등(그가 이전에 발견한 항균성 효소인 '라이소자임'이 들어 있을 것으로 여겨진 것들)을 떨어트려 보면서 세균이 얼마나 자라지 못하는지 관찰하는 실험을 했다. 그러다 플레밍은 실수로 한 배양 접시 뚜껑을 열어 두고 휴가를 다녀온다. 그가 돌아와서 헐레벌떡 확인한 배양 접시에는 공기 중에 떠다니던 푸른곰팡이가 그곳이 마치 자기 집이라도 된 양 잔뜩 자라 있었는데, 놀라운 일이 벌어져 있었다. 유독 푸른곰팡이가 자라나 있는 그 부분에서만 세균이 보이지 않았던 것이다. 이것이 최초의 항생제 페니실린의 시작이다.

자, 이번에는 고양이 이야기다. 고양이 염색체의 유전 원리 때문에 수컷 삼색 고양이는 매우 희박한 확률로 태어난다. 우리가 흔히 보는 삼색 고양이는 대부분 암컷이며, 매우 희박한 확률의 수컷 삼색 고양이는 행운의 상징으로 여겨지기도 한다. 그런 수컷 삼색 고양이가 내게 찾아와 준다면 어떨까? 푸른곰팡이처럼 우연히? 아마 우연이라고 믿고 싶지 않을 것이다. 그렇게 소중한 존재가 찾아온 데는 무언가 운명적인 이끌림이 작용했다고 믿고 싶을 것이다. 이미 많은 이들이 상대가 기꺼이 자신의 운명이라 믿으며, 아니 착각하며 사랑한다. 착각일까. 정말로 운명일지도 모르고, 그게 아니더라도 운명이라고 믿어 가며 상대를 사랑하면 될 일.

방탄소년단의 리더 RM이 작사에 참여한 〈세렌디피티〉는 이런 '행복한 착각'을 이야기하는 노래이다. 연인을 자신을 구원해 준 '푸른곰팡이'로 빗대고, 자신은 연인에게 '삼색 고양이'라고 비유한다. 두 과학적 비유는 노래의 주제를 절묘하게 표현하고 있다.

그가 앞으로 다른 작업들에도 과학 코드를 붙어넣어 주었으면 한다. 마침 한 인터뷰에서 '저온 화상(아주 뜨겁게 느껴지지 않는 열에 장시간 노출되어 입는 화상)'을 '연인 간의 사랑의 온도 차' 등의 이야기로 풀어내고 싶다고 했단다. 이제 과학은 막 문화 속에 들어오기 시작했다. 앞으로는 작사가뿐 아니라 벽화 미술가, 건축가들의 작업도 기대해 볼 수 있을까. 과학의 또 다른 의미를 포착해서 자기 예술에 담는 이런 사람들이 늘어나면 좋겠다. 그런 의미에서 어서 빨리 RM의 다른 가사들도 살펴봐야겠다.

chapter 2

과학자, 삶으로 읽다

거의 모든 것의 역사

발견하는 즐거움

유기체와의 교감

랩걸

밤 늦게까지 불이 켜진 실험실. 과학자는 그 안에서 어떤 시간을 보내고 있을까. 그곳에서 매일 어떤 삶이 펼쳐지고 있는지 궁금하지 않은가? '재미없을 것 같다' '지루하겠지' 같은 생각은 지금부터 잊어 주길. 이곳에서 그 누구보다도 흥미로운 삶을 살아가는 과학자, 과학자를 떠나 한 인간으로서도 다정하고 매력적인 이들을 만나게 될 테니 말이다. 과학자로 살아간다는 것은 어떤 것인지, 그 안에는 어떤 기쁨과 절망이 함께 자리하는지, 무엇을 포기하는 대신 무엇을 얻는지…. 미처 몰랐던, 과학자들의 가장 내밀한 이야기들을 들어 보자.

툴툴이 작가, 과학과 재회하다

과학과 별로 안 친하다고 생각하는 이들에게 생소하기 짝이 없는 단어들을 가지고 어떤 개념에 대해 과학적인 설명을 하기란 꽤나 어렵지만, 생각보다 재미있는 일이다. 가족들에게 '헤모글로빈' 혹은 '운동한 다음 날 근육통이 생기는 이유' 또는 '슈뢰딩거의 고양이' 등 과학적인 설명을 할 때면, 나는 짜릿한 쾌감을 느끼기도 한다.

모 대학의 익명 커뮤니티에 가수 방탄소년단의 노래 〈DNA〉 가사 중 '내 혈관 속 DNA가 말해 줘'라는 대목에 다소 이상한 점이 있다는 제보가 올라온 적이 있다. 무엇이 이상하다는 걸까? 과학적인 설명이 필요한 때이다.

이 제보의 내용인즉슨 DNA는 '거대 분자(large molecule)'에 속하고, 혈관은 여러 조직들이 모여 이루어진 '기관(organ)'인데, 기관과 거대 분자의 크기는 우리 몸의 구성 요소들을 크기별로 늘어놓았을 때 꽤나 큰 차이가 있다는 것. 그래서 가사가 마치 '이 우주 속 개미가 말해 줘'처럼 범주가 통 맞지 않는 말 같다는 것이다. 과학적으로만 보면 '내 적혈구 속 DNA가 말해 줘'가 좀 더 적절하지 않을까. 여기서 적혈구란 혈관에 흐르는 피 속에서 산소를 운반하는 납작한 접시 모양의 단백질이라는 간단한 과학적 사실을 누군가 이해시켜 줄 수만 있다면, 혈액의 구성 요소에 대해 한 번도 들어 보지 못한 사람이라도 이 제보 속 농담을 이해할 수 있을 것이다.

이런 과학적 설명은 과연 과학자들만이 할 수 있는 걸까? 여기 과학자가 아님에도 너무나 명쾌하게 과학을 설명한 책이 있다. 한 일반인이 '과학을 이해하는 사람'이 되어 가는 과정을 담은 『거의 모든 것의 역사』이다.

여러분에게 일반인이라고 소개한 이는 빌 브라이슨, 오늘날 가장 유명한 여행 작가 중 한 명이다. 『빌 브라이슨의 발칙한 유럽 산책』 『빌 브라이슨의 발칙한 미국 횡단기』

『나를 부르는 숲』 등 세계 곳곳을 여행하며 글을 썼고, 영미권에서 꾸준히 사랑받고 있다. 물론 우리나라에도 두터운 팬 층이 형성되어 있다. 아주 깐깐한 영국인 같지만 실은 미국 시골 마을 출신인 그는(하지만 영국 여왕에게서 훈장을 받기도 했다), 시종일관 툴툴대기가 특기다. 여러 나라의 지하철, 은행, 경찰들에 대해 투덜대는 내용만으로도 세계 일주 여행기를 작성할 수 있을 정도로 말이다. 그러나 결코 미워할 수 없는 대단한 매력의 소유자다.

그런 그가 아무리 봐도 여행에 대한 책보다는 과학책 같은 『거의 모든 것의 역사』를 썼다. 이 책에서 그는 최초로 지구의 크기를 측정한 몇 세기 전 지질학자들의 흔적을 쫓고, 20세기 양자 역학 분야에서 이뤄진 기념비적인 발견들을 소개한다. 해저 잠수의 역사를 살펴보고, 세포 공생설을 소개하기도 한다. 대체 왜 여행 작가인 그가 과학 이야기를 쓰게 된 것일까. 왜 돌연 과거의 사건들 속으로 여행을 떠났을까. 모든 것은 그가 이 세상에 대해서 자신이 모르는 것이 생각보다 많다는 것을 불현듯 깨달으면서 시작되었다.

"

세월이 많이 흐른, 아마도 4~5년 전에 나는 태평양을 가로지르는 비행기에서 달빛이 비치는 바다를 무심하게 바라보고 있었다. 불현듯 내가 살고 있는 유일한 행성에 대해서 그야말로 아무것도 알지 못하고 있다는 불편한 생각이 들기 시작했다. 예를 들어 바닷물은 오대호의 물과는 다르게 짠맛이 나는 이유가 무엇인지 몰랐다.

———————————— 『거의 모든 것의 역사』 16쪽 **"**

모두가 초등학교 때부터 정규 수업에서 과학을 배우지만, 학교에서 배운 과학이 언제나 흥미로움으로 이어지지는 않는다. 그는 오랫동안 과학을 떠나 있던 사람도 다시 과학에 재미를 느낄 수 있을지, 다시 공부를 해서 얻은 지식의 주인이 될 수 있을지, 그 지식을 다른 이에게 전달할 수 있을지 확인해 보고 싶었다. 이것이 그가 과학자를 찾아가고, 과학 저술가들의 책을 읽고, 전문 학술지들을 찾아보면서 본격적으로 과학 공부를 시작한 이유였다.

이 책은 어쩌면 한 일반인이 과학과 '재회'하는 과정을 소개하기 위해 쓰인 책인지도 모르겠다. 한번 책을 더 자세히 들여다보자. 노련한 작가답게 빌 브라이슨은 흥미로운 질문 하나를 던지며 포문을 연다. 그 질문은 이렇다. '과학자들은 과학적 사실을 어떤 방법으로 알아낼까?'

옛 지질학자들은 도대체 어떻게 지구 내부에 핵과 맨틀이 존재한다는 사실을 알아냈을까? 19세기 물리학자들은 어떻게 '전자구름' 같은, 눈으로 확인할 수 없는 원자 내부의 구조를 유추할 수 있었을까? 빌 브라이슨은 과학적 발견 그 자체보다도 과학자들이 그것을 알아내기 이전에 어떤 다양한 일들을 겪는지에 더 초점을 맞췄다. 그 자세한 이야기를 들어 볼까.

과학의 일상을 궁금해하는 책

이 책은 교과서에 등장하는 수많은 실험과 인물들의 이름 뒤에 감춰진 과학의 '진짜' 이야기를 보여 준다. 동료들과 함께 일하는 과학자들, 학문적으로 대치되는 입장이었던 무리들의 갈등, 당시 가장 유명했던 과학자들의 무용담 등을 말이다. 그 안에 들어갔다 나오면 과학자들의 일상에 참으로 다양한 일들이 벌어짐을 실감하게 된다.

예컨대 과학자라면 어떤 일에서건 이성적으로 생각했을 것 같지 않은가? 하지만 이성적이지 못할 때도 적지 않았다. 한 시대의 모든 과학자들이 과학사적으로 볼 때 크게 중요하지 않았던 주제에 매달리거나 하나같이 똑같은 착오에 빠졌던 적도 있었다.

게다가 많은 과학적 발견들은 실은 한 과학자의 엉뚱한 공상에서 출발했거나 적어도 처음에는 동료 과학자들의 거센 비판과 비웃음의 대상이었다. 극적인 경우, 학계에서 거의 생매장되다시피 했던 발견이 몇십 년(심하면 한 세기!)이 지난 뒤 아주 우연한 기회로 재조명되기도 한다. 보통 후대 과학자들이 과거의 발견을 새로운 방법으로 증명하다 일어나는 일들이다.

빌 브라이슨은 짓궂게도 유독 이런 독특한 사건들만을 좇고 있다. 덕분에 우리는 그 유명한 '깁스 자유 에너지[*]' 개념을 만든 화학자 깁스는 사실 안타까울 정도로 소심한 성격의 사람이었고, '물리학의 아버지'로 불리는 뉴턴은 그저 '눈에 무슨 일이 일어나는지 실험하기 위해' 반나절 동안 맨눈으로 태양을 바라보기도 했던 괴짜였다는 사실을 알게 된

[+]
깁스 자유 에너지 : 열역학에서 가장 중요한 개념 중 하나. 어떠한 계(system)의 외부에 일을 할 수 있는 에너지를 말한다. 여기서의 '일'은 열을 방출해 주변 온도를 높일 수 있는 것 정도를 뜻한다.

다. 또 학교에서 배우는 과학사에서는 도통 접할 수 없는, 숨은 조력자 역할을 했던 과학자들의 이름도 접할 수 있다. 이 책은 빌 브라이슨 편집 버전의 과학사 같다. 기독교 경전인 성경이나 로마 역사서에도 다양한 편집자들이 존재하듯이, 『거의 모든 것의 역사』는 과학과 떨어져 있다가 어른이 되어서야 새로운 눈으로 과학을 다시 보게 된 빌 브라이슨이 주목하는 과학사의 독특한 이면을 담고 있다.

과학과 만난 일반인의 '진짜' 반응

책 속 빌 브라이슨의 모습은 외람된 말일지 몰라도 상당히 귀여운 편이다. '여긴 내가 있을 곳이 아니야' 하는 표정을 애써 감춘 채, 조사를 하겠다고 한 손엔 수첩을 들고 실험실 한복판에 어정쩡하게 서 있는 그를 상상해 보자.

"

그녀는 아래층에 있는 최신 기계인 SHRIMP II를 보여 주었다. 기계 앞에 있는 콘솔에 앉아서 화면에 끊임없이 나타나는 숫자를 보고 있던 사람은 뉴질랜드 캔터베리 대학의 밥이라는 남자였다. 그는 새벽 4시부터 그곳에 있었다고 했다. 두 지구 화학자에게 그 기계의 작동 원리를 물어보았더니, 둘 다 모두 동위 원소의 존재비와 이온화 에너지 등에 대해서 열심히 설명해 주었지만, 모두가 이해할 수 없는 수준이었다. 밥에 의하면 암석 하나에서 결과를 얻으려면 17분이 걸리고, 신뢰할 수 있는 결과를 얻으려면 그런 측정을 10여 차례 반복해야만 한다. 실질적으로는 그런 과정은 유료 자동 세탁소를 왔다갔다 하는 정도의 활동과 자극이 필요한 것처럼 보였다. 그러나 밥은 아주 행복해 보였다.

──────────────── 『거의 모든 것의 역사』 311쪽 "

59

실험실이야말로 과학과 관련된 장소들 중에서 제일 베일에 가려진 곳일 것이다. 실험실은 하나하나가 모두 다른 세계 같다. 실험실은 '방' 혹은 '랩'이라고 부르는데, '랩'은 실험실의 영어 단어인 laboratory에서 따온 것이다. 내가 공부하는 생명과학과 안에서도 실험실마다 풍경이 천차만별이다. 대학원생들조차 바로 옆 건물 화학과의 실험실들이 어떤 모습인지 잘 모른다. 한번은 피실험자가 되어 컴퓨터공학과 가상 현실 실험실에 간 적이 있었다. 그곳엔 박진감 넘치는 가상 현실(컴퓨터로 구현해 놓은 가상의 현실)이 아니라 살짝 지루해 보이는 컴퓨터만 여기저기 놓여 있었다. 한 책상에서 다른 책상으로 이동하려면 뒤엉킨 전선을 폴짝폴짝 넘어 다녀야만 했다. 만약 빌 브라이슨이었다면 이 실험실을 보고 어떻게 반응했을까?

난생처음으로 과학자의 실험실에 들어간 빌 브라이슨은 과학이라는 세계에 처음 발디딘 외부인의 가감 없는 반응을 보여 준다. 왠지 값비싸 보이는 기계를 몰래 슬쩍 만져 보고 시치미를 뚝 떼는가 하면, 과학자들의 복잡한 설명을 이해해 보려고 인상을 찌푸리기도 하고, 온종일 실험실 안에서 피곤에 절어 있는 대학원생은 도대체 이곳에서 인생의 어떤 재미를 찾는 중인지 진지하게 의심하기도 한다.

그러나 이 모습도 이해해 주기를. 우리 모두는 과학을 만날 때 신기해하기도, 놀라워하기도, 머리를 갸우뚱하기도 하니 말이다. 원자가 무엇인지, 물리학 법칙에는 어떤 것이 있는지, 최초의 포유류가 무엇이었는지는 더더욱 알지 못했던 빌 브라이슨은 이 과정을 거치며 어느덧 실험실에서 일어나는 일들을 궁금해하고, 현대 물리학 역사 속 발견들을 순서대로 외워 볼 수 있게 됐다. 그리고 과학자들이 벌이는 몇몇 일들의 의미까지노 혼자 생삭해 볼 수 있게 됐다. 진부를 이해하지 못할지라도 말이다.

교수님께 이 책을 추천합니다

『거의 모든 것의 역사』는 출간된 이래로 자신의 독특한 위치를 줄곧 지키고 있는 스테디셀러다. 어떠한 과학적 사실을 이해하는 능력과 그 사실을 사람들에게 잘 설명할 수 있는 능력은 어쩌면 별개일지 모른다. 연구에서는 뛰어나지만 강의에서 고전하는 사람들이 꽤나 많은 것이 사실이다. '뛰어난 과학자라면 아홉 살 아이를 이해시킬 수 있을 정도로 자신의 이론을 쉽게 설명할 수 있어야 한다'는 말은 과학을 쉽게 설명하기가 그만큼 어렵다는 말일 것이다. 그러나 이 책이 어떻게 과학을 풀어내는지를 보면, 그 어려운 목표에 다가가는 게 조금은 쉬워지지 않을까.

마지막으로 책 속에 들어 있는, 여러 과학자들의 멋진 어록들을 놓치지 않길 바란다. 리처드 도킨스, 리처드 파인만 같은 학자들의 말들은 이야기를 더 풍성하게 채워 준다. 이 책을 본격적으로 쓰기 전에도 작가가 과학 고전들을 꽤나 섭렵해 왔던 건 아닌지. 사실 그의 과학 사랑은 오래전부터 시작된 것이 아닐까. 여러분이 이 길고 긴 이야기를 무사히 완주해 내길 응원한다. 빌 브라이슨의 말을 빌리자면, '우리에게 주어진 시간은 65만 년밖에 안 되니' 말이다.

괴짜 과학자의 초대

『발견하는 즐거움』 리처드 파인만 | 승산 | 2001

과학자의 첫인상을 담당해 주세요

리처드 파인만. 그는 미시 세계 입자들의 상호 작용을 전보다 아주 쉬운 방법으로 계산할 수 있는 '파인만 다이어 그램'을 고안했다. 또한 양자 전기 역학*이라는 새로운 분야를 창시했으며, 물리 분야에 기여한 업적을 인정받아 노벨 물리학상을 수상한 물리학자다. 그는 물리 분야를 넘어 나노 과학의 포문을 열기도 했다. '바늘 위에 몇 권의 책을 쓸 수 있을까'라는 실문과 함께. 여기까지의 소개에서 보이는 그는 아무리 봐도 언제나 진지하고 심각한 과학자의 모습을 하고 있을 것 같다. 그렇게 생각하는 게 아무래도 마음 편하다. 그러나 이는 20세기의 가장 유머러스한 지식인 중 하나인 그에게는 억울할 소리일지도 모르겠다.

어느 날 새벽, 파인만 집 전화벨이 요란스럽게 울렸다. 전화기 건너편에서는 기자의 들뜬 목소리가 들려왔다. 기자는 파인만이 1965년 노벨상 수상자로 선정되었다는 소식을 전했다. 오히려 차분한 사람은 파인만이었다. "아침에 전화해도 되잖소"라고 짧게 답하고는 전화를 끊었으니 말이다. 그가 명예와 권력을 우둔하게 좇는 사람은 결코 아니었다는 것을 보여 주는 대목이다. 높은 자리에 앉는 것이나 으스대는 일에 흥미가 없었던 그에겐 유머와 농담이 평생의 친구였다.

파인만의 자서전 『파인만 씨, 농담도 잘하시네』에 담긴 그의 삶은 유머와 장난 그 자체다. 한때 원자 폭탄 제조 계획인 '맨해튼 프로젝트'에 초빙되어 미 국방부의 감시 하에 지내던 그는 틈만 나면 금고의 비밀번호를 알아내며 놀

✚

양자 전기 역학 : 양자 단위에서 세상에는 네 종류의 힘이 존재한다. 파인만은 그중 하나인 전자기력을 연구했다. 그는 전자기력이 광자에 의해 매개되는 힘이라는 사실을 밝혀냄과 동시에 양자 전기 역학이라는 학문을 탄생시켰다.

았다. 또 아내와 주고받는 편지를 마치 대단한 극비 문서인 것처럼 위조해 국방부 직원들을 혼란스럽게 만드는 등 위험천만한 장난들도 마다하지 않았다. '파인만이 다녀가면 무조건 조심하라'는 경고까지 돌았다는 소문이 존재할 정도였다. 소문이 사실이었다면 파인만 본인은 아주 유쾌하게 받아들였으리라.

누군가에게 과학자라는 종족을 처음 소개한다면, 나는 그 첫인상을 파인만이 맡아 줬으면 한다. 그만큼 그가 매력적인 과학자이기 때문이다. 『발견하는 즐거움』은 이런 그를 생전에 그가 열었던 강연, 매체와의 인터뷰, 그리고 대화록 등을 통해 만나 볼 수 있는 책이다. 공식적으로 나노 과학의 시작이었다고 할 수 있는 '바닥에는 풍부한 공간이 있다' 강연, 그의 삶에서 굵직한 사건이었던 맨해튼 프로젝트에 관한 인터뷰, 그리고 당시 유행하던 사이비 과학에 관해 그가 어떤 생각을 했는지 알 수 있는 강연 내용 등이 담겨 있다. 마치 한 편의 다큐멘터리를 보는 느낌이라고나 할까.

물리학이 아닌 다른 주제에 관해서도 들떠 이야기하는 그의 모습을 볼 수 있을 것이다. 과학자는 어떤 즐거움으로 사는지, 그의 아버지가 자신을 어떻게 교육했는지, 파인만은 그의 아들 혹은 미래 세대를 위해 어떤 사람이 되고자 하는지 등을 말이다.

그럼 잠시 시계를 돌려 1979년의 한 인터뷰 현장으로 돌아가 보자. 영원히 철들 것 같지 않은 이 물리학자가 좌중을 향해 자신이 경험한 발견의 즐거움에 대해 이야기하는 장면이다. 그는 언제나처럼 사람 좋은 미소를 띤 채 의자에 기대 앉아 있다.

궁극의 입자는 없다?

「옴니」 인터뷰 현장에서 그는 기자에게서 물리학은 어떤 것을 알아내려는 학문이냐는 질문을 받는다.

"

옴니 : 외부인이 보기에 고에너지 물리학*의 목적은 물질의 궁극적인 구성 요소를 찾는 것으로 보입니다. 이러한 탐색은 '더 이상 나눌 수 없는' 입자라는 뜻으로 아톰이라는 말을 썼던 그리스 시대까지 거슬러 올라갈 수 있는 것 같습니다. 그러나 거대한 가속기를 써도, 당초 실험에 사용한 입자보다 더 무거운 파편을 얻게 됩니다. 그리고 쿼크**는 결코 분리되지 않을지도 모릅니다. 그런데 이 학문은 어떤 탐색을 하고 있나요?

파인만 : 저는 그런 탐색이 있었다고 보지 않습니다. 물리학자들이 알아내려고 하는 것은 자연이 어떻게 행동하는가(how nature behaves)입니다. 물리학자들이 경솔하게 어떤 '궁극적인 입자'를 운운하기도 하는데, 그것은 자연이 궁극적인 입자로 보이기도 하는 순간이 있기 때문입니다.

————————————— 『발견하는 즐거움』 212~213쪽 **99**

'궁극의 입자'를 발견하겠다며 나서는 과학자들이 우후죽순 늘어났던 당시의 과학계 풍경은, 마치 금을 캐기 위해 온갖 사람들이 미국 서부로 광적으로 몰려들었던 금광 채굴 시대를 연상시킨다. 그러나 파인만이 보기에 궁극의 입자가 반드시 존재할 것이란 맹목적인 믿음은 몇몇 물리학자의 경솔한 생각에서 온 것이었고, 이런 생각들은 의심의 여지가 없는 '정답'을 반드시 밝혀내야 한다는 위험한 생각으로 연결될 가능성이 컸다.

✚

고에너지 물리학 : 전자, 원자핵, 뉴트리노, 반전자, 그리고 최근의 힉스 입자까지, 물질을 구성하나 눈에 보이지 않는 이 작은 입자들을 소립자라고 한다. 고에너지 물리학, 혹은 소립자 물리학은 이들 소립자의 존재와 성질을 연구하는 학문이다. 소립자 간의 상호 작용을 계산하거나 소립자를 구성하는 더욱 더 작은 단위들을 찾아내는 것 등이 고에너지 물리학의 목표다.

그는 정답이 있다고 정해 놓고 그 답만을 얻으려 하는 건 진정한 발견이 될 수 없다고 생각했다. 대신 언제든 뒤엎을 수 있는 이론을 세울 수 있는 사람들이 정말 중요한 발견을 이뤄 낸다고 믿었다. 그가 쓴 비유를 빌려 설명해 볼까. 새로운 대륙의 강을 탐사하는 사람들이 있었다. 그들은 강의 원류를 찾아 탐험을 떠났다. 그러나 드디어 그들이 강의 원류라고 생각했던 그 지점에 이른 순간, 그들은 믿을 수 없는 상황과 마주한다. 모두가 예상했던 것과 달리 그곳엔 작은 샘 대신 여태껏 거슬러 왔던 강과 연결되는 물줄기가 흐르고 있었던 것이다. 강은 사실 원을 이루며 흐르고 있었던 것이다. 하지만 그들이 아무것도 발견하지 못했다고 할 수 있을까?

원치 않았던 결론이 나오는 순간이 오면 과학자들은 처음부터 모든 것을 다시 시작해야 한다. 그렇다고 그 순간

++
쿼크 : 쿼크라니, 이름 한번 참 괴상하다. 쿼크는 6개 종류(up, down, charm, strange, bottom, top)로 나누어지는 입자다. 대부분의 물질은 양성자와 중성자로 이루어져 있고, 양성자와 중성자는 다시 서로 다른 쿼크의 조합들로 이뤄진다. 예컨대 양성자는 2개의 up 쿼크와 1개의 down 쿼크로 구성되고, 중성자는 2개의 down 쿼크와 1개의 up 쿼크로 이루어진다.

그들이 어떤 사실도 알아내지 못한 것이라 보기는 어렵다. 발견은 정답이 기다리는 종착역이 아니라 다음 발견으로 언제든 이어질 수 있는 간이역에 더 가깝다. '마침내 모든 것이 설명되는 순간'이라는 신화는 발견의 올바른 정의가 아니다. 만일 그런 신화를 아직 믿는 이가 있다면 그는 파인만의 말마따나 과학의 본질을 잘 이해하지 못한 사람일 것이다. 진짜 발견이 무엇이냐에 대한 파인만의 생각은 과학자들이 추구해야 할 자세가 무엇인지를 알려 주고 있다.

그건 바보 같은 생각이에요!

파인만과 당시 유럽과 미국을 통틀어 물리학계의 거물인 닐스 보어*가 얽힌 일화가 하나 있다. 파인만이 맨해튼 프로젝트를 위해 로스앨러모스에 머물고 있을 때였다. 어느 날, 바로 그 유명한 '보어'가 현장을 방문한다는 소식이 전해졌다. 당연하게도 그를 보기 위해 그곳에 있던 거의 모든 물리학자들이 몰려들었다. 현장을 방문한 보어는 신이 강연까지 열어 주었다. 강연이 끝나고도 그를 보내기 아쉬웠던 물리학자들은 자신들이 해결하지 못하고 있었던 수학 문제

하나를 꺼내 보어에게 자문을 구했다. 부탁에 응한 보어가 차분히 수식을 전개시키던 그때, 별안간 강당 뒤편에서 누군가가 번쩍 손을 들었다. 발언권을 얻은 그는 대뜸 이렇게 외쳤다. "그건 바보 같은 생각인 것 같네요!" 물론 그는 파인만이었다. 좌중은 조용해졌다. 놀란 보어의 입에서 독일어가 나오지 않은 것이 다행이었다. 파인만은 당대 최고 거물 학자의 오류를 지적해 낸 것이다. 다행스럽게도 보어는 파인만의 행동을 오히려 신선하게 느꼈다고 한다. 파인만은 생각하는 바를 행동으로 보여 주는 사람이었다. 그의 생각은 과학에서는 합리적이기만 하다면, 어떤 비판도 가능해야 한다는 것이었다.

"제가 보기에 그 이론은 단지 난점을 깔개 밑에 쓸어 넣어 버린 것입니다. 당연히 저는 그 이론을 확신하지 않습

✚

닐스 보어 : 20세기 물리학에 기여한 그의 업적은 상대성 이론을 정립한 아인슈타인의 업적에 필적할지도 모른다. 그는 바이올린과 같은 현악기는 각각의 음이 정해진 위치를 눌러야 정확하게 소리 나듯이, 원자가 가진 에너지의 준위도 행성의 궤도처럼 특정한 위치로 정해져 있다는 사실을 알아냈다. 원자의 에너지가 '양자화' 되어 있다는 걸 알아낸 것. 그는 이 사실을 이용해 고전적인 원자론에 현대 양자 역학을 처음으로 도입한 새로운 원자 모형을 고안했다. 이 원자 모형은 아직도 고전 역학과 양자 역학의 다리 역할을 한 모형으로 평가받는다.

니다." 파인만이 노벨상 수상 연설에서 자신의 이론을 두고 남겼던 말이다. 과학이라는 경계 안에선 자유로운 비판과 토론이 가능하다. 학문적 경험치가 절대적으로 높은 교수에게도, 심지어 나 자신에게도 비판의 날을 세울 수가 있다.

그의 말을 빌리자면 과학은 '앞 세대의 위대한 스승들은 전혀 오류가 없다는 믿음이 위험할 수도 있다는 교훈을 내포하는' 학문이다. 그리고 동시에 '전문가가 무지하다는 것을 믿는 것'이기까지도 하다. 이것이 파인만이 몸소 보여주고자 한 과학의 면면이 아닐까. 그가 느끼고 생각한 과학이 곧 그의 태도였고, 그 태도는 그를 더욱 매력적인 물리학자로 만들어 주었다.

철없는 물리학자를 사랑하는 법

파인만은 한편으론 전형적인 외골수 과학자였다. 그가 물리학자로 살게 된 데에 특별한 이유는 없었다. 그저 '재미있기 때문'이었을 뿐이다. 그 재미를 찾아 과학 한 분야를 집요하게 파고들었다. 이를테면 『우리 수학자 모두는 약간 미친 겁니다』에 소개된 수학자 폴 에르되쉬도 하루 19시간씩 수학에 몰두하면서 육체적인 쾌락이나 음식, 예술 등 다른 일들에는 전혀 관심을 두지 않는 사람이었다. 우리는 이들을 어떻게 이해해야 할까?

파인만이나 폴 에르되쉬처럼 평생 한 가지 학문에만 몰두한 이들에게는 그들이 일군 지식보다도 더 매력적인 특유의 삶의 태도와 생각이 존재하는 듯하다. 파인만에게는 그것이 '농담'이었던 것이 아닐까. 물리학에 큰 업적을 세운 파인만에게 과학은 장난과 농담만큼이나 재밌는 일이었을지 모른다. 농담으로 점철된 인터뷰 속, 책의 행간 속에 숨겨진 그의 진짜 모습을 발견하는 건 우리 몫일 테다. 짓궂은 농담들 속에서 그의 진짜 메시지를 간파하고자 한다면, 꽤나 고생할지도 모르겠다. 그래도 어쩌겠는가. 괴짜 과학자의 유산을 물려받는 건 어렵지만 재미있는 일일 테니.

옥수수가 된 과학자 이야기

"옥수수를 들여다보다 보면 마치 내가 옥수수, 옥수수 세포, 아니 그 안의 세포핵이 된 느낌이 든다"고 말한 과학자가 있다면 믿을 텐가? 옥수수를 관찰하다 결국엔 '옥수수가 되어 버린' 뛰어난 직관의 소유자, 유전학자 바바라 매클린톡이 그 주인공이다. 그녀는 어떻게 자신만의 독특한 직관을 갖게 되었을까. 그 직관은 어떻게 그녀를 유전학 역사상 가장 중대한 발견으로 이끌었을까. 이런 그녀를 둘러싼 20세기 유전학계의 분위기는 열광의 도가니였을까? 혹은 냉소 섞인 외면이었을까?

1902년, 유전학의 탄생과 함께 태어난 그녀는 40여 년 후 자신의 인생에서도, 그리고 유전학의 역사에서도 매우 중요한 순간으로 남을 발견을 한다. 바로 염색체 위의 유전자가 자기들끼리 임의로 '자리바꿈'을 한다는 사실이었다. 이전까지는 유전자들이 염색체 상의 정해진 자리에 가만히 머물러 있는 줄로만 알았는데, 알고 보니 그들은 제각기 특별한 목적을 위해 분주히 이동하고, 끼어들고, 자리바꿈을 하고 있었다. 이 현상을 '튀어나오는, 혹은 움직이는 유전자 현상(jumping gene)'이라 부르고, 이 움직이는 유전자(유전인자)들은 '전이 인자(transposon)'라고 부른다.

매클린톡의 이 발견은 당시 생물학계의 진리처럼 여겨지던 중앙 통제론*의 기본 전제에 정면으로 반론을 가한 것이었다. 중앙 통제론은 '전이 인자'들의 발견으로 일부 수정되었다. 당시로서는 중앙 통제론의 내용이 바뀐다는 것은 상상도 할 수 없는 일이었다. 생명 현상에서 유전 정보가 전

✛
중앙 통제론 : DNA의 이중 나선 구조를 발견한 왓슨과 크릭이 제시한 유전 정보 전달의 흐름이다. DNA에 새겨진 유전 정보가 복사본과도 같은 RNA로 옮겨지고, 이 유전 정보가 마치 설계도처럼 쓰여 RNA로부터 단백질이 만들어진다는 명제이다.

달되는 방향을 정립한 이론이었기 때문이다. 그러니 매클린톡이 알아낸 사실이 얼마나 큰 파장을 불러일으킬 만한 것이었는지 가늠이 되지 않는가.

이 책『유기체와의 교감』은 매클린톡이 어떻게 자리바꿈 현상을 발견했는지 그 과정을 담고 있다. 또 코넬 대학 재학 시절 그녀와 동료들의 이야기, 그녀가 연구를 하며 겪은 어려움, 당시 생물학계의 분위기와 새로 탄생한 학문들의 흐름 등 풍성한 이야기를 들려준다. 현대 생물학의 격변기였던 1940년대 유전학 연구의 풍경이 어땠는지, 한 명의 여성 과학자가 20세기 중반 과학자 사회에서 어떠한 삶을 살았는지 궁금하다면 꼭 읽어 보자. 그 삶이 생생히 고증되어 있다. 작가 이블린 폭스 켈러는 직접 매클린톡과 인터뷰하면서 책을 집필했다. 덕분에 할머니가 된 매클린톡의 재미난 말투를 엿볼 수 있는 것은 덤이다.

매클린톡, 낯선 과학자

1940년에서 1960년대는 생물학 분야에서 마치 축제와
도 같은 시기였다. 유전 정보를 담은 물질이 단백질인지 핵
산인지에 대한 논란이 마무리되었으며 중앙 통제론이 탄생
했다. 세포 유전학이나 분자 생물학도 이때 생겼다. 한마디
로 놀라운 시대였다.

매클린톡의 발견은 이 중에서도 급진적인 편에 속했다.
동시대 과학자들에게 그녀는 늘 독특한 느낌을 주는 존재였
다. 작가의 말을 빌리면 '오늘날의 통상적 생물학 연구와 관
련하여 매클린톡의 스타일은 무척 독특하고 개인적'이었다.
그녀의 논문, 그녀가 학회에서 발표할 때 사용하는 언어, 무
엇보다 그녀가 주장하는 '움직이는 유전 인자'라는 개념…
과학자들은 그 모든 것들을 낯설게 여겼다.

이 낯섦은 때때로 매클린톡을 곤란에 빠뜨렸다. 1951년
유전학 학회 발표에서 극히 일부 사람들을 제외한 대부분
의 청중들은 그녀가 무슨 말을 하는지 '전혀 알아듣지' 못할
정도였다고 한다. 그녀는 다른 많은 경우에도 동료 과학자
들과 단절되어 있었다. 대체 그녀의 어떤 방식이 낯섦을 만
들어 냈을까. 작가는 철저하게 자신을 고립시킨 매클린톡의

작업 방식이 그 이유일지 모른다고 이야기한다.

> "
> ───────────────────
> 유전자의 자리바꿈을 조절하고 제어하는 이 특별한 시스템을
> 연구하던 6여 년의 세월 동안 그녀는 철저하게 고립된 상태에
> 서 작업을 해나갔다. … 매클린톡은 다른 동료들과 함께할 때
> 도 자신의 작업 결과에 대해 토론을 한다든가, 서로 잘못을 지
> 적하며 깨우쳐 주는 식으로 일한 적이 없었다. 함께 일하든 혼
> 자 일하든, 그녀는 늘 자신의 독특한 생각을 오롯이 홀로 발전
> 시키는 방식을 고수했던 것이다.
> ───────────────── 『유기체와의 교감』 295~296쪽 "

　　1953년에 그녀가 당시의 연구 내용을 정리해 논문을
발표했을 때, 그 논문을 받아 보고자 신청한 사람은 두 명뿐
이었다고 한다. 그녀가 코넬 대학에서 대학원 생활을 할 때
까지만 해도 상황은 이처럼 나쁘지 않았다. 그러나 그녀가
학회에서 연구 결과를 발표하는 등 과학자들이 모이는 공개
적인 자리에 나서면서, 그 독특함이 불리한 방향으로 해석
되기 시작했던 것이다.

　　이후 매클린톡은 결국 완고한 모습으로 자신을 보호하
게 된다. 그녀는 실험실을 찾아오는 사람들에게 나가라며

독설을 퍼붓기도 했다. 그러면 그럴수록 그녀에 대한 무분별한 소문과 오해는 점점 더 불어날 뿐이었다.

매클린톡은 당시 여성 과학자들에게 요구되던 다소곳한 분위기의 '숙녀 과학자'나 중후하고 근엄한 '신사 과학자' 둘 중 어느 쪽도 아니었다. 설상가상으로 분자 생물학 연구의 분위기가 매클린톡의 관점과는 다른 방향으로 흘러가면서 그녀는 결국 완벽히 주변적인 위치의 과학자가 되고 만다. 매클린톡은 언젠가부터 카네기 연구소에 의무적으로 제출하는 논문 외에는 어디에도 자신의 논문을 발표하지 않는다.

작가는 이 안타까운 상황을 되돌아보며 자리바꿈 현상에 대한 매클린톡의 발견을 동시대 과학자들은 왜 받아들일 수 없었는지, 학계에 수용되기 위해선 그녀의 방식이 어땠어야 했는지 반문한다. 그녀가 당시 다른 과학자들의 방식에 맞추어 자신의 견해를 설명하고 이해시켰어야 했을까?

작가는 집단마다 통용되는 은어, 묘한 뉘앙스의 차이 같은 것들이 과학계에서도 동일하게 적용되고 있었다고 말한다. 그래서였을까. 줄곧 홀로 독특한 방식으로 연구했던 매클린톡은 과학자 집단 내에서 공감받을 수 있는 대화의 방식과는 점점 멀어지고 있었다.

양의 개념만이 의미가 있는 과학 내에서 소통할 때도, 그들 나름의 문법이 있고 화법을 준수해야만 과학으로 인정된다. 제아무리 흠잡을 데 없는 완벽한 공식일지라도 그 자체만으로는 소용이 없다. 비슷한 작업을 하는 사람끼리 공유하는 공동의 언어를 쓰지 않는 한, 그 완벽한 공식이 그들 내에 수용되기란 불가능하다. 은어를 사용함으로써 같은 패거리임을 확인하는 길거리 양아치들처럼 그들 또한 자기들의 언어를 사용하지 않는 사람의 말에는 귀를 기울여주지 않기에, 다른 언어로 성립된 논거는 그 어떤 것도 효력을 발휘할 수가 없는 것이다.

───────── 『유기체와의 교감』 297~298쪽 **"**

수(數)를 기반으로 가장 엄밀한 내용만 다룰 것 같은 물리학 학회에서도 그들이 암묵적으로 공유하는 어휘, 말투, 설명하는 방식 등 언어의 규칙이 존재했다. 그러니 매우 추상적인 내용을 다루는 세포 유전학 세계에서는(세포의 핵 속에서 일어나는 일이라 눈으로 확인하는 대신 상상에 의지할 수밖에 없으니), 매클린톡의 독특한 방식이 더욱 큰 혼란을 일으킬 수밖에 없었다.

관찰에서 비롯된 직관

매클린톡의 독특한 연구 방식이 비록 동시대 과학자들에게는 외면당했을지 몰라도, 그녀는 과학자로서 상당히 아름다운 자신만의 삶의 양식을 개발한 사람이었다. 특히 범접할 수 없는 직관은 오직 그녀만의 것이었다.

'직관'은 과학을 할 때에 아주 중요한 능력 중 하나로 어떤 사실들 혹은 근거들로부터 즉각적으로 결론에 도달할 수 있는 힘이다. 보통의 경우, 결론을 얻기 위해서는 수학 증명을 하듯 여러 번의 추론을 거쳐야 하지만, 직관이 있는 사람은 이렇다 설명할 수 없는 자신만의 과정을 거쳐 순간적으로 결론을 얻는다. 내 주변에서 그런 이를 떠올리자면, 복잡한 3차 방정식 문제를 대수적으로 푸는 대신 3차원 공간에 존재하는 평면과 입체를 상상해서 풀었던 한 수학 교수님도 기하학적 직관을 가진 사람이었다. 그렇다면 매클린톡은 어떤 직관을 가지고 있었을까. 여기 한 일화가 있다.

무더운 여름날이었다. 매클린톡은 예상과 다르게 나온 실험 결과를 차분히 응시하고 있었다. 그녀가 예상한 대로라면 옥수수의 꽃가루에 어떤 한 돌연변이가 일어나면 그 세포들 중 정확히 절반이 수정 능력을 잃어야 했다. 그러나 결과를 보니 애매하게도 50%에는 덜 미치는, 25~30%가 수정 능력을 잃었다. 실험이 잘못된 것일 리는 없었다. 이 결과를 설명할 수 없다면 남은 길은 가설을 수정하는 것뿐이었다. 그렇게 가설을 수정하고 모든 실험을 처음부터 다시 하거나 이 결과에서 뭔가 놀라운 사실을 알아내거나. 생각이 여기까지 다다른 순간, 별안간 매클린톡은 모여든 연구실 사람들 사이를 빠져나와 무작정 걷기 시작한다. 그리고 문제에 '골똘히' 빠져든다. 한두 시간이 지났을까. 시간도 잊어버릴 만큼 몰입해 있던 그녀는 문득, 그 답을 깨닫는다. 말 그대로 '문득'이었다. 어떻게 그 결론에 도달했는지 그녀 자신조차 설명하기 어려웠다. "알아냈어! 내가 정답을 알아냈다고!" 그녀는 언덕을 뛰어 내려가며 소리친다.

그야말로 '갑자기' 얻은 결론을 사람들에게 어떤 식으로 이해시켜야 할지 막막했지만, 그녀는 일단 손에 잡히는 대로 종이봉투 하나와 연필을 들고 그림을 그리기 시작했다. 염색체들이 세포 속에서 어떻게 행동했을지 예측해 보는 그림이었다. 핵 속에 든 염색체의 한끝과 다른 끝이 이어지기도 했고 그러다가 갈라져 나가기도 했다. 놀랍게도 그녀의 설명은 그녀가 단번에 도달했던 그 결론으로 안정적으로 다가가고 있었다. 더 놀라운 것은 현미경으로 이 염색체들을 관찰한 결과, 렌즈 속에서 그녀가 종이봉투에 써 내려 갔던 즉흥적인 설명과 똑같은 일이 벌어지고 있다는 사실이 었다.

너무나도 다양해서 규칙조차 파악하기 힘든 옥수수의 알록달록한 무늬를 만들어 내는 염색체의 미세한 움직임들을, 그 양상을 매클린톡은 단번에 알아냈다. 이 움직임이 그녀의 발견, 염색체의 자리바꿈 현상의 실체였다. 그럼 매클린톡은 어떻게 이처럼 염색체의 움직임에 대한 직관을 가질 수 있었을까. 특별한 방법이 있거나 혹은 그녀의 어떠한 습관 덕분이었을까?

현대 생물학이라는 단어를 떠올리면 박테리아를 배양하며 여러 가지 조건을 바꿔 보는 실험, 쥐의 몸속에서 면역 단백질을 얻는 실험 등, 실험을 통해 결과를 검증하는 실증 과학의 이미지가 먼저 떠오른다. 그러나 생물학의 모태는 원래 자연물에 대한 관찰이었다. 온갖 동식물들을 관찰해 현대에 사용하고 있는 분류 기준을 만든 식물학자 린네, 하늘의 구름과 색깔을 관찰한 기상 학자들, 그리고 현미경을 사용하여 세포를 처음 맨눈으로 관찰한 미생물학자 레이우엔훅 등 초기 생물학의 업적들은 모두 관찰 행위와 맥을 함께했다.

매클린톡은 바로 이런 전통적인 관찰 작업에 충실한 과학자였다. 그녀는 옥수수의 11개 염색체를 크기별로 구분하고 각각에 표식을 붙인 뒤, 세포 분열이 일어날 때마다 각 염색체들이 어떻게 움직이는지 추적하는 작업에 거의 6년을 몰두했다. 이 방대한 작업이 거의 마무리됐을 때, 매클린톡은 옥수수 염색체들의 모든 움직임 하나하나와, 그 각각에 대응되는 수많은 서로 다른 돌연변이들을 눈 감고도 떠올릴 수 있는 사람이 되어 있었다. 그녀가 지닌 직관은 옛 과학자들의 방식을 그대로 계승한, 방대한 관찰에서 얻은 결과였다.

매클린톡은 이런 관찰 작업 도중 종종 정말 특별한 경험을 하기도 했는데, 옥수수를 관찰하다 보면 자기 자신은 '없어지고', 그녀 자신이 아예 옥수수가 된 것 같은 느낌을 받는 것이었다. 매클린톡이 옥수수를 진정으로 이해했다고 느낀 건 이런 일체의 상태를 여러 번 경험한 이후였다. 관찰

＋

베르그송의 비판 : 베르그송은 현대 과학이 '자르고 다시 붙이는 것', 즉 분해하고 다시 합치는 것에만 능통할 뿐 관찰하려는 대상 그 자체의 본질을 이해하는 것에는 능숙하지 못하다고 비판했다. 그는 자신의 책에서 이러한 현대 과학의 기법은 결코 진정한 '똑똑함'이 아니라고 콕 집어 이야기한다.

대상을 분석하고 해체하기보단 대상 자체를 이해하려고 했다는 매클린톡의 말은 프랑스의 철학자 앙리 베르그송이 현대 과학에 가한 비판*과 결을 같이한다. 관찰 대상과 하나가 된 다음 비로소 전체를 이해하는 방식, 그녀만의 독특한 연구 양식이었다.

자크 모노와의 대결

책에서 매클린톡과 프랑스의 저명한 생물학자 자크 모노의 연구를 비교한 부분도 아주 재미있다. 자크 모노는 유전자의 조절과 효소의 행동을 전에 없던 방식으로 설명해 내어 1965년 노벨상을 수상한 프랑스의 분자 생물학자다. 그가 1970년 펴낸 『우연과 필연』은 생물학이라는 학문을 하나의 철학으로도 이해하게 해 주는 책이라 평가받는다. 생물학도라면 꼭 읽어 보아야 하는 책으로도 꼽힌다.

매클린톡, 자크 모노 이 두 과학자는 모두 복잡한 유전자의 움직임이 어떻게 조절되는지를 알아낸 사람들이었다. 이때만 해도 생물체 안에서 한 요소가 다른 요소의 행동을 '조절한다'는 개념은 우주여행을 한다는 것만큼이나 생소한 개념이었다.

그러나 매클린톡은 옥수수에서 얼룩무늬가 나타나는 빈도에서 일종의 규칙성을 발견하고는, 이렇게 규칙적인 돌연변이가 출현하기 위해선 반드시 유전자가 어떤 식으로든, 더 큰 시스템의 조절을 받는 것이 틀림없다는 생각에 도달한다. 유전자가 스스로 돌아다니며 생명체를 성장케 하고, 돌연변이를 일으킬 리는 없었다. 유전자를 조절하는 무엇인가가 있을 것이다. 그렇다면 그 무엇인가는 어디에 존재하는 것일까. 핵 속일까? 핵 바깥일까?

매클린톡이 어떤 사실을 알아냈는지 보기 전에 잠시 자크 모노에게로 눈을 돌려 보자. 그가 발견한 것은 유전자는 크게 두 종류가 있다는 사실이었다. 하나는 같은 단백질을 만드는 일에 참여하는 한 그룹의 유전자들이고, 다른 하나는 이 유전자 그룹들을 한 번에 껐다 켰다 할 수 있는 스위치 유전자들이다. 이 스위치 유전자들은 마음만 먹으면 수백, 수천 개의 유전자들(한 그룹에 속한)을 한꺼번에 '잠에서 깨어나게' 할 수도 있고, 반대로 할 수도 있다.

이는 자크 모노가 발견한 유전자 조절 원리다. 그는 이 스위치 유전자들이 세포 속의 여러 단백질과 환경에 영향을 받는다고 하면서, 세포 환경이 유전자의 활동에 영향을 준다는 결론도 얻었다. 실제로 세포 내에 젖당의 양이 많아지면 이를 분해하는 젖당 분해 효소를 만드는 유전자들의 스위치가 켜지지만, 반대로 젖당의 양이 적어지면 젖당 분해 효소의 양이 줄어들도록 유전자 스위치가 꺼진다.

자크 모노는 한마디로 유전자가 스위치처럼 껐다 켜졌다 하는 기계, 핵 속에 들어 있는 일종의 장치라고 상정한 뒤 주장을 펼쳐 나갔던 것이다. 이렇듯 그는 유전자가 조절되는 모습을 어떤 '모형' 또는 '모델'로 표현한 사람이었다. 사람들은 그러한 모델 덕분에 그의 주장을 쉽게 이해할 수 있었다. 이 모델은 열렬한 반응을 얻어 분자 생물학이라는 학문을 탄생시키기까지 한다. 참고로 유독 분자 생물학 분야에는 이러한 모델들이 많다. 막을 통한 단백질 이동 시스템의 모델인 '블로벨의 가설(Blobel's hypothesis)'도 그 중 하나이다.

반면 매클린톡은 자크 모노가 모델로 간단하게 표현한 현상을 옥수수 세포 안에서 실제로 확인하는 방식을 택했다. 전통적인 자연 학자들이 했던 방식 그대로(멘델이 완두콩을 교배하며 완두콩 색깔, 모양 등을 관찰했던 것을 떠올려 보자) 옥수수 알갱이의 무늬와 이파리의 반점들을 꼼꼼히 관찰하고, 이와 관련해서 세포 속 염색체가 어떤 모양으로 배열되고 움직이는지를 현미경으로 들여다보는 식으로 말이다.

자크 모노도 매클린톡의 연구에 대해 알고 있었다. 다만 자료가 남아 있지 않아 아쉽게도 자크 모노가 자신과 사뭇 다른 방식으로 연구를 하는 그녀를 어떻게 생각했는지 알기는 어렵다. 조금이라도 관련된 자료는 한 심포지엄에서 자크 모노가 매클린톡의 연구를 언급하며, 그녀가 옥수수에서 발견한 두 종류의 조정 인자들과 자신이 연구한 박테리아에서의 작동 유전자와 조절 유전자가 유사하다고 말한 기록이 유일하다고 한다.

당시에는 자크 모노가 사용한 박테리아를 실험에 쓰는 과학자들이 절대 다수였다. 그만큼 매클린톡이 잘 쓰이지 않는 옥수수를 가지고 동시대 과학자들을 이해시키는 일은 쉽지 않았다. 또한 자크 모노가 제시한 명확한 모델에 비해 매클린톡이 제시한 복잡한 자리바꿈 현상은 다른 이들에게는 너무 산만해 보였다.

하지만 약 10년 뒤, 뜬금없게도 박테리아에서도 일부 유전자가 튀어나오는 현상이 관찰된다. 이는 의심할 것도 없이 매클린톡이 옥수수 유전자에서 관찰한 것과 동일한 현상이었다. 자크 모노가 주장한 '스위치 유선사'가 실은 매클린톡이 옥수수를 들여다보면서 발견한 '움직이는 유전자'라는 사실이 밝혀지는 순간이었다. 또한 유전자의 작동 원리는 모노의 단순한 모델로 요약되기엔 생각보다 매우 복잡하다는 사실이 밝혀지는 순간이기도 했다.

매클린톡의 '유전자 자리바꿈' 현상은 유전자가 핵 속에 있는 또 다른 유전자에 의해 조절된다는 사실을 뜻하고 있다. 유전자를 조절하는 것은 다른 염색체에서 튀어나오거나 움직이는, 또 다른 유전자였던 것이다. 이처럼 유전자는 본래의 예상보다도 훨씬 더 복잡하게 얽힌 관계 속에서, 자율적으로 서로를 조절하고 있었다. 튀어나오고 끼어드는 유전자들의 행동들을 모두 이해해야만 유전자의 조절 원리를 완벽히 설명할 수 있었던 것이다. 이 모든 현상을 가장 먼저 발견한 것은 다른 누구도 아닌 매클린톡이었다.

과학 혁명의 현장 한가운데에서

매클린톡은 현대 생물학 역사에서 재평가되어야 마땅한 과학자다. 그야말로 생물학계의 '과학 혁명 현장'이라는 열광적인 분위기에 모두가 취해 있었을 때 매클린톡은 조용히 자신만의 관찰 양식을 만들었다. 그를 통해 아무도 알아채지 못했던 유전자의 독특한 행동을 발견했으며, 기존의 모델을 수정할 수 있는 중요한 반론을 찾아냈다. 그녀는 이 모든 것을 혼자 외롭게 해냈다.

이 책은 DNA 이중 나선 구조의 발견자 왓슨과 크릭, 혹은 다른 익히 알려진 인물들의 입장에서 사건을 서술하지 않는다. 대신 확신을 갖고 자기만의 연구를 꾸려 간 한 외로운 과학자의 시선으로 유전학의 흐름을 바라본다. 물론 그녀의 천재적인 직관력이 대단한 특권으로 느껴질 때도 있지만, 그 힘 또한 그녀의 진실한 태도와 침착한 품성이 아니었다면 완전히 발현되지 못했을 것이란 생각이 든다.

끝으로 책을 읽으면서 급변했던 20세기 중반 생물학계에서 일어났던 여러 가지 패러다임 변화를 살펴보는 것도 추천하고 싶다. 자연 과학에서 실증 과학으로의 변화, 진화론이 처음 세상에 소개되었을 때의 혼란, 그리고 유럽 과학자들과 미국 과학자들이 서로에게 느꼈던 이질감을 경험할 수 있을 것이다. 지금의 우리가 알고 있는 과학적 사실 중 순순히 받아들여진 것은 결코 많지 않았다. 그 험난한 과정을 넘어선 과학에는 매클린톡처럼 대체 불가능한 과학자들의 활약이 빛나고 있다.

89 이파리를 들여다보는 사람

2017년 5월, 나는 두 손에 카메라와 수첩을 든 채로 땀을 뻘뻘 흘리며 산에 오르고 있었다. 생태학 수업을 같이 듣는 선배, 동기들과 함께. 미적미적 걷다가 박사님이 멈추면 하나둘씩 멈춰 박사님이 가리키는 나무 주위에 모인 다음 사진을 찍고 수첩에 필기를 했다. 그러기를 몇 시간. 그 무더운 5월에 왕복 7시간의 산행을 어떻게 버텼는지, 박사님의 발걸음은 또 어찌 그리 가벼울 수 있었는지 지금 생각해 보면 미스터리다. 험난한 하루였지만, 무려 60종류나 되는 식물들을 만난 뜻깊은 날이었다.

그리고 몇 달 후, 지난봄에 산에 다녀온 후부터 유난히 식물 이야기가 고팠던 탓이었을까. 여느 때처럼 학교 서점의 신간 서가를 살피는데 유독 표지가 아름다운 책이 눈에 띄었다. 섬세한 식물 삽화가 초록색 표지 위를 덮은 그 책의 제목은 『랩걸』이었다. 시카고 대학의 교수를 거쳐 지금은 하와이에서 식물을 연구하고 있다는 식물학자 호프 자런이 이 책을 썼다.

서둘러 책을 펼쳤다. 먼저 서문부터 읽었다. 작가는 처음부터 이파리 한 쪽을 가지고 숨 돌릴 틈도 없이 많은 질문을 쏟아 내고 있었다.

> 나는 엄청나게 많은 이파리들을 들여다보는 것이 직업이다. 그것들을 들여다보고 질문을 한다. 정확히 어떤 종류의 초록색인가? 위쪽이 아래쪽과 다른 색인가? 가장자리는 어떤 상태인가? 부드러운가? 뾰족뾰족한가? 잎에 수분은 얼마나 차 있나? 시들어서 축 처져 있는가? 주름져 있나? 건강한가? 중요한가? 하찮은 잎인가? 살아 있나? 왜?
>
> ——— 『랩걸』 11쪽

그녀는 스스로를 '하루 종일 이파리들을 들여다보는

사람'이라 소개한다. 과학자 중에는 그녀처럼 식물을 연구하는 사람도 있지만 동물의 행동을 연구*하는 과학자도 있고, 세포 하나를 들여다보는 과학자나 서로 다른 생물들의 공생을 연구하는 과학자도 있다. 과학자의 연구 대상은 이토록 천차만별이다. 그런데 그녀의 연구 대상에 대한 애정은 특히나 각별해 보인다.

호프 자런은 기본적으로 식물을 연구하는 사람이지만, 연구 대상이 식물에 한정되어 있지는 않다. 책 속에 펼쳐지는 다채로운 연구 에피소드들을 읽고 있자면 그녀가 지질학, 생태학 등 여러 분야를 넘나들고 있다는 사실을 알게 될 것이다. 이 에피소드들이야말로 『랩걸』에서 느낄 수 있는 재미 요소 중 하나다. 아일랜드 어딘가의 습지에서 일주일 동안 전투적으로 조리 이끼 표본을 채집한 그녀는 공항 검색대에서 그것들을 모조리 압수당하기도 하고, 팽나무 씨앗

동물 행동 연구 : 철새의 이동, 침팬지의 털 고르기, 수컷의 짝짓기철 뽐내기 행동 등 동물의 독특한 행동이나 모습 속에는 대체 어떤 의미가 담겨 있을까. 이 행동들은 대부분 진화에 유리하게 작용하기 위해 고안되었을(혹은 선택되었을) 가능성이 높다. 동물 행동 연구는 이처럼 동물의 행동에 '생존 본능'이 어떻게 담겨 있을지 연구하는 것을 말한다.

을 연구하기 위해 찾은 숲에서 그해에 열매 맺는 팽나무를 단 한 그루도 만나지 못해 씁쓸하게 발걸음을 돌리기도 한다. 숲의 장난이었던 걸까.

식물을 연구하는 과학자가 느끼는 과학의 즐거움은 무엇일까. 과학은 분명 그녀의 삶을 풍성하게 만드는 존재일 것이다. 책 속 그녀 모습에는 과학자가 겪는 행복함이 십분 드러난다. 그럼 과학자로서 그녀의 '첫 기억'을 열어서, 그녀가 어떻게 과학자의 삶을 시작했는지 그 이야기를 들어보자.

자연의 비밀을 손에 쥔다는 것

과학자에게 '첫 발견의 순간'은 어떤 의미일까. 그녀의 첫 번째 발견은 첫 번째 육지 동물의 등장만큼이나 오래된, 한 팽나무 씨앗 화석 속에 숨겨져 있었다. 그녀는 팽나무 씨앗 화석을 잘게 부수어 얻은 가루 속에서 놀라운 것을 찾아냈다. 몇백만 년 전 지구의 기온의 오르내림을, 그 흔적을 그대로 담고 있는 가루가 그 안에 들어 있었던 것이다. 더욱 놀랍게도 그 가루의 주인공은 유명한 광물 중 하나인 오팔(opal)이었다. 이 발견의 순간, 그녀의 기쁨은 다음과 같이 그대로 전해진다.

> 이 가루가 오팔로 만들어졌다는 사실을 아는 것은 무한대로 확장되고 있는 이 우주에 단 한 사람, 나뿐이었다. 나는 나만의 독특하고 별난 유전자들이 모여서 생긴 존재일 뿐 아니라 창조에 관해 내가 알게 된 그 작은 지식 덕분에 실존적으로 독특한 존재가 되었다. 싸구려 장난감이라도 새것일 때는 빛나 보이듯, 내 첫 과학적 발견도 그렇게 반짝였다.
>
> 『랩걸』 105~106쪽

그런데 만약 자신이 찾아낸 발견이 실은 특별한 것이 아닐지도 모른다면? 그 발견을 위해 모든 걸 바친 과학자들에게는 참으로 끔찍한 사실이 아닐 수 없다. 그러나 그녀는 그 사실을 깨끗하게 인정하고 있다.

> 나는 정오가 되기도 전에 그 발견이 그다지 특별한 것이 아니라는 말을 들을 것이라는 사실을 알고 있었다. 그러나 우주가 나만을 위해 정해 놓은 작은 비밀을 잠깐이나마 손에 쥐고 있

었다는, 그 온몸을 압도하는 달콤함은 아무도 앗아갈 수 없었다. 나는 본능적으로 내가 작은 비밀을 손에 쥘 가치가 있는 사람이라면 큰 비밀도 쥘 가치가 있다는 것을 알았다.

─────────────── 『랩걸』 107쪽 "

누군가에게는 아무것도 아닐지 모르는 팽나무 씨앗의 비밀이, 그녀에게는 자연이 간직한 더 큰 비밀의 일부였다. 그 정도로 소중한 것이었다.

누구나 어릴 적에는 주변 세상 만물에 대해 온갖 질문을 던져 대던 기억이 있을 것이다. 모든 사람들은 이미 태어날 때부터 못 말리는 관찰자이자 과학자였던 것인지도 모른다. 과학자를 지배하는 것은 사실 그들에게 남아 있는 유년기의 순수함이 아닐까. 자연의 비밀을 알게 되었다는 경이감에 기뻐하는 순수함 말이다. 호프 자런의 첫 발견은 그렇게 순수한 기쁨에 반짝였다. 이런 그녀의 마음에 공감한다면 우리도 과학자들 모두가 공유하는 그 기쁨에 함께 감동할 수 있지 않을까.

어떻게 알아낼 것인가?

한 명의 과학자는 수많은 질문을 던지면서 자신의 길
을 만들어 나간다. 길의 시작에는 대개 아주 작고 사소한 질
문이 있다. 그 질문을 잘해야 비로소 자신의 연구가 시작된
다. 그런데, 때로는 알고 싶은 사실을 '어떻게' 알아낼지를
고민하는 것도 무엇을 알아낼지를 고민하는 것만큼이나 중
요하다. 보통 실험이 진행되어 갈수록 연구자들이 더 많이
던지게 되는 것이 '방법'에 대한 질문들이다.

학기 중 한 실험 수업에서 내가 식물 세포 속에 들어 있
는 두 가지 단백질을 보고 있을 때였다. 단백질들은 서로 매
우 복잡한 관계를 맺으며 세포 속에서 다양한 기능을 한다.

단백질들 간의 관계를 알아내는 것은 여러모로 유용하다. 어떠한 두 단백질이 결합하지 못하도록 해서 암세포의 출현을 막을 수도, 바이러스를 뿜어 내는 단백질을 무용지물로 만들 수도 있다. 나는 실험을 하며 같은 호르몬의 조절을 받는다고 알려져 있었던 두 식물 단백질이 서로 어떤 관계를 맺고 있을지 추측해 보았다. 이들은 기회만 되면 서로 결합하려고 할까? 혹은 서로 밀어낼까? 서로가 서로를 어떻게 알아볼까? 둘 중 하나가 다른 하나에게 복종하고 있나? 아니면 서로 완전히 독립적인가? 이런저런 추측들 중에서 무엇이 맞는지 알아보기 위해 가장 먼저 해야 할 것이 바로 '어떤 방법으로 무엇이 맞는지 알아낼 것인가?'라는 질문이었다.

일단 한번 질문을 시작하면, 답을 얻을 때까지 과학자의 질문은 계속된다. 연구는 수많은 선택지 앞에 서는 일이다. 그 선택을 위해 과학자들은 끊임없이 질문을 던지는 연습을 한다. 이런 이유에서 호프 자런이 책에서 이야기한 과학자의 '자격'이 질문을 던질 줄 아는 능력이 아닐까 생각해 본다. 과학자에게 이 세상은 궁금한 것투성이이다. 수많은 질문 속에서 기꺼이 길을 잃으면서 아이러니하게도 다시 질문을 던지는 것, 그것이 과학자의 삶에서 매우 큰 기쁨임은 부정할 수 없다.

『랩걸』에는 호프 자런이 평생 동안 던진 수많은 질문들과 그에 대한 답이 이곳저곳에 흩어져 있다. 반드시 모든 질문 뒤에 답이 바로 이어지는 것은 아니다. 때문에 둘을 부지런히 짝지어 보면서 읽어야 할 때도 있다. 서로 먼 곳에 있는 식물들은 실제로 어떻게 소통할까? 식물은 어떻게 겨울 내내 죽은 채로 지낼 수 있을까? 식물을 한없이 궁금해하는 그녀이기에 던질 수 있는 질문들이다.

한편, 과학자로서 그리고 과학자를 꿈꿨던 소녀로서 겪었던 경험이 만들어 낸 질문들도 있다. 순수 과학, 누군가의 입장에서 보면 '돈 안 되는' 과학은 어떻게 해야 예산을 받아 낼 수 있을까? 어떻게 해야 임신한 여자가 실험실에 드나드는 것을, 그런 채로 밤늦게 연구에 매진하는 그녀의 모습을 비웃는 사람들을 깨끗하게 무시할 수 있을까? (처음부터 그녀가 다른 사람들에게 증명하거나 설명해야 할 것은 아무것도 없었다.) 아이에게는 어떤 엄마가 되고 싶은가? 실험실 학생들을 어떻게 잘 돌볼 수 있을까?

그녀가 짊어진 삶의 무게가 연구에만 국한되어 있지 않아 조금은 무거워 보인다. 그래서 우리는 더욱 그녀를 향한 응원을 멈출 수 없다. 그녀는 스스로에게 던진 다양한 질문들에 성실하게 답하며 지금의 자리에 설 수 있었다. 누군가는 평생 한 가지를 연구하면서 자신도 모르는 새에 예상한 것보다 훨씬 거대한 것을 얻는다. 호프 자런은 어쩌면 그런 사람일 테고, 그녀의 이야기를 읽어 볼 수 있는 우리는 커다란 행운을 누리고 있다.

한 명의 과학자가 완성되어 가는 길

그녀의 이야기를 읽다 보면 과학자의 인생은 눈부신 발견에 가려진 수많은 평범한 일상들로 채워져 있다는 것을, 진짜 이야기는 그 일상의 치열함 속에 있다는 것을 느낄 수 있다.

호프 자런은 한 명의 과학자가 어떻게 완성되어 가는지를 책 속에 고스란히 옮겨 놓았다. 과학자의 삶이 궁금한 사람에게, 이파리의 개수를 세고 독특한 잎 모양의 돌연변이가 생겨 환호하는 식물학자의 삶이 궁금한 이에게, 일상을 어떻게 흥미로운 질문으로 채울 수 있을지 알고 싶은 사람에게 『랩걸』을 추천하고 싶다. 과학자는 질문을 통해 세상에 변수를 하나씩 추가하는 사람이다. 세상을 그렇게 복잡하게 만들면서도 그 속에서 규칙을 발견하는 사람이다. 그리고 결국에 세상을 조금 더 재미있게 만드는 사람이다. 호프 자런은 연구를 잘하는 방법보다는 즐겁게 하는 방법이 무엇인가에 대해 내내 이야기한다.

　나는 크고 넓은 대학교 한구석의 연구실에서 조용히 밤새워 연구하는 대학원생이 어떤 삶을 살고 있는지 잘 알지 못했을 즈음에 이 책을 읽었다. 사전 정보 없이 만난 책이지만 생각보다 많은 지식으로 머리를 적실 수 있었고 과학자의 일, 즉 연구가 얼마나 매력적인 작업인지도 깨닫게 됐다. 이 책은 본격적으로 실험실에 머무는 인생을 살기로 결정하기 전, 그 삶에 대한 생생한 예고편을 접하고 싶은 나와 같은 대학생들을 위한 책이라고도 할 수 있다. 나와 같은 고민을 하고 있는 사람들에게 허둥지둥 뛰어가 이 책을 쥐어 주고 싶다.

흔한 생명과학 전공자의 일상

알 만한 사람들은 모두 아는 나의 중·고등학교 시절 별명은 '적정기술 소녀'였다. 소외된 사람들을 과학으로 돕는 적정기술의 모토에 반해 나는 학생 신분에서 가능한 만큼 최대한 열심히 적정기술을 배우러 다녔다. 인천 공항 검색대에서 가장 멀리 떨어진 탑승구까지 걸어가야만 탈 수 있는 비행기에 몸을 싣고 몽골의 프로젝트 현장을 찾아가 보기도 했고, 대학에서 열리는 적정기술 관련 인물들의 은밀한 모임에 참가하기도 했다. 그리고 『소녀, 적정기술을 탐하다』로 그 이야기를 출판하기도 했다.

꿈을 만들어 가는 과정, 그 길에서 만나는 사람들. 그 모든 것들이 충분히 즐거웠지만 대학교에서는 더 재밌는 일이 기다리고 있었다. 화학과, 물리학과, 수학과, 컴퓨터 공학과

가 한곳에 모여 있는 학교에 다니게 된 것이다. 미적분학에 머리를 쥐어뜯고 생전 처음 하는 코딩에 밤잠을 설치는 나의 모습은 누가 봐도 '공대생'이었다. 코딩 과제 제출 기간에 기숙사 1층은 다크서클이 한껏 내려앉은 얼굴로 노트북을 두드리고 있는 친구들로 문전성시를 이루었다. 먼저 노트북을 덮고 방으로 돌아가는 친구는 그날만큼은 우리 사이의 승리자였다.

공대 생활에 지칠 때면 학교 이곳저곳에 서식하는 고양이 가족들에게 위로를 받곤 했다. 기숙사 지역에서 강의실로 가려면 반드시 거쳐야 하는 '78계단'에서는(실제로 계단 개수가 78개여서 붙여진 이름. 포항공과대학교에 있다) 애교로는 누구에게도 지지 않을 고양이 '칠팔이'를 만날 수 있었다. 3세대 방사광 가속기가 있는 가속기 연구소 근처에는 사람의 발길이 많이 닿지 않아서인지 꽤나 많은 고양이들이 어슬렁거렸다. 동아리 사람들의 카카오톡 프로필 사진이 죄다 칠팔이 사진이었던 적도 있다.

공대생으로 생활한 첫 1년은 아주 험난했지만, 2학년이 되면서 숨통이 좀 트였다. 전공을 결정하게 되면서였다. 나는 여러 전공들 중에서 생명과학과를 선택했다. 생명과학 전공자로 산다는 것은 생각보다도 더 즐거운 일이었다. 예쁜 꼬마선충, 초파리, 쥐, 애기장대 등 다양한 실험 생물들을 접해 볼 수 있었고, 여차하면 생태학 실습을 하러 한라산으로 날아갈 수도 있었다. 서툴더라도 교수님과 학문 이야기를 나눌 수 있다는 것은 감격적이었다.

전공 선택과 함께 실험 수업이 시작됐다. 그러나 실험은 결코 우리 뜻을 따라 주는 법이 없었다. 아직 충분히 숙련되지 않은 학부생의 손은 언제 터질지 모르는 시한폭탄과도 같았다. 분명 조교님들과 같은 방법으로 실험했는데도 다른 결과가 나오곤 했다. 그때마다 가엾은 조교님들은 '멘붕'에 빠져야 했다. 아직 해맑은 우리들과는 아주 대조적인 모습이었다. 조교님들의 헌신적인 지도 덕에 지금의 모습이 되었다. 이 자리를 빌려 조교님들께 심심한 감사의 말씀을 전한다.

세포 생물학, 생화학 등 전공필수 수업은 50~60명이 들어갈 수 있는 대형 강의실에서 아침 이른 시간에 이루어지곤 했다. 자연히 강의실 안은 학생들의 하품으로 이산화 탄소 농도가 높았을 것이다. 졸업하려면 무조건 들어야 하는 필수 이수 과목이라 그런지 늙수그레한 선배들도 으슥한 자리에 앉아 있고, 다소 어수선한 분위기에서 수업이 진행되었던 걸로 기억한다. 이 중에서 첫 번째로 들었던 세포 생물학 수업의 첫인상은 한마디로 강렬했다. 중간고사 날짜와 함께 공지된 시험 범위는 300쪽가량. 눈을 의심하게 만드는 분량이었다. 잠깐 설명을 덧붙이자면, 세포 생물학은 쉽게 말해 세포 바깥에서 전달되는 외부 신호가 세포 속으로 들어가고, 세포 안에서 증폭되고, 더 깊숙한 핵 속으로 들어가고, 그렇게 해서 세포가 그에 맞는 반응을 일으키기까지의 과정을 배우는 학문이다. 이 각각의 과정에서 쓰이는 모든 단백질들, 각 과정이 일어나는 장소와 순서들을 외워야 한다. 자연히 시험 범위는 수백 쪽이 될 수밖에 없었다.

또 다른 전공 필수 과목인 생화학은 화학과 접점이 많아 만만치 않은 과목이었다. 효소가 어떻게 화학적 작용을 하는지 그 원리를 배울 때는 유기 화학 지식이 쓰여 신기했지만, 동시에 머리가 지끈거리기도 했다. 마지막으로 분자 생물학이 있다. 분자 생물학은 유전 물질 자체, 혹은 그 주변에서 일어나는 일들만 살핀다. 멀리 떨어져 있는 세포들 사이의 일, 혹은 하나의 세포 속에서 일어나는 일들을 바라보는 세포 생물학이나 생화학과는 다르게 말이다. 이런 학문 간의 차이를 깨달아 가는 것도 큰 재미다.

chapter 3

진화에 대해 당신이 몰랐던 것들

핀치의 부리

공생자 행성

붉은 여왕

왜 우리 지구는 그 어느 곳을 가리켜도 '다양함'으로 뒤덮여 있을까? 그 다채로움은 진화라는 길고 긴 사건이 만들어 냈다. 여기, 진화에 대해 빠트리면 안 될 중요한 생각들을 제시한 세 권의 책이 있다. 상황에 따라 우리는 조용한 태초의 물웅덩이에서 서식하는 박테리아 혹은 멋진 둥지를 만들려 애쓰는 가련한 수컷 새가 되어 볼 것이다. 아니면 갈라파고스 섬의 핀치새 무리에 둘러싸일지도 모른다.

진화의 시계는 빠르게 움직인다

천둥이 치고 용암이 부글거리는 신생 지구는 생명의 가능성을 도저히 찾아볼 수 없는 무시무시한 곳이었다. 수천만 년 동안 비가 내려 흥분한 지구가 겨우 진정되었지만, 뒤이어 끔찍하게 지루한 시간이 기다리고 있었다. '아무 일도 일어나지 않았던' 이 시간은 무려 수십억 년씩이나 이어졌다. 바닷물에 가끔 생기는 거품이 그나마 제일 볼 만한 일이었다.

그러다가 드디어, 따뜻한 바다 속에서 첫 번째 생명이 탄생했다. 한동안 생명의 축제가 이어졌다. 이어서 대담하게도 바다에서 땅 위로 진출하는 생물들이 등장했다. 그들의 몸집은 커지기도, 작아지기도 했다. 어떤 종은 빙하기를 거치며 아예 사라졌고 반대로 혹독한 환경에 적응해 살아남기도 했다.

진화는 그렇게 진행되었다(생명의 계통수 그림에서 나무가 위에서부터 아래로 가지를 뻗으며 드리우는 걸 상상해 보자). 계통수의 맨 아랫부분, 드디어 현생 인류가 등장한다. 인간이 살아온 시간은 지금까지의 지구의 역사가 하루 만에 일어난 일이라 가정했을 때, 밤 12시 59분 59초의 끝자락, 그 야말로 찰나의 순간이다. 양팔을 벌린 길이를 지구의 역사라 치면, 인간의 역사는 손톱 끝에 있는 먼지보다도 작다.

이렇기에 우리는 두려움, 혹은 막연한 경외감으로 진화는 아주 긴 시간이 걸리는 일이라고 생각한다. 실제로 물속에서 꿈틀대던 한가로운 단세포가 지금의 우리가 되기까지는 너무도 오랜 시간이 걸리지 않았는가. 다른 생물들 또한 지금의 모습을 갖기까지 아주 지루하고 긴 진화를 거쳤을 것이다. 당연히 지금껏 그 누구도, 진화를 실시간으로 목격할 수 있을 거라고 생각하지 못했다. 진화는 상당히 긴 시간 동안, 매우 천천히 일어나는 것일 테니까. 기본적으로 수천만 년이 걸리는 과정이라고 말이다. 다윈 역시 아무리 빨라도 진화를 눈으로 확인하는 것은, 즉 한 사람이 태어나 죽기 전에 '현재 진행 중인 진화'를 목격하는 것은 불가능하다고 주장했다.

그런데 아주 최근에, 진화에 대한 이런 통념을 뒤엎어 버리는 사건이 발생했다. 사건의 주인공은 바로 진화 생태학자 피터 그랜트와 로즈메리 그랜트 부부다. 다윈이 처음으로 진화의 힌트를 발견했던 장소인 갈라파고스 제도의 대프니메이저 섬에서 두 과학자는 오랜 시간에 걸쳐 그곳에 서식하는 핀치의 부리 길이를 측정했다. 핀치들을 끈질기게 쫓아다녀야 하는 작업이었다. 놀랍게도 그들은 핀치 종에게 일어난 미세한 변화를 감지했다. 부리 길이로 보나 몸 크기로 보나, 서로 다른 종(species)의 핀치 사이에서 잡종이 태어난 것이다.

지금까지 대프니메이저 섬에선 보이지 않았던 새로운 종이었다. 이들은 생존 능력부터가 달랐다. 섬에 한바탕 대홍수가 몰아닥친 뒤에도 기존 핀치 종들보다 더 잘 살아남은 것이다. 여러 면에서 이들은 새로운 종의 출현을 보여 주고 있었다.

지금껏 그 누구도 이처럼 새로운 종이 나타나는 과정을 지켜본 적이 없었다. 스트로마톨라이트처럼 살아 있지만 움직이지 않는 화석이나 진화의 흐릿한 중간 과정을 보여 주는 죽은 화석은 있었지만 말이다. 새로운 종의 탄생은 실시간으로 펼쳐지는 진화의 증거다. 그랜트 부부는 실시간으로 진화를 목격한 이들이었다. 진화의 시계는 생각보다 빠르게 돌아가고 있었다.

『핀치의 부리』는 이 발견에 이르기까지 그랜트 부부의 핀치 연구 과정을 취재한 책이다. 그랜트 부부는 핀치에 대한 열정 하나로 갈라파고스 제도와 프린스턴 대학을 20여 년간 오갔다. 일반인의 눈썰미로는 전혀 알아채지 못했을 핀치의 새로운 종 탄생 과정을 목격한 이들은 수백 마리의 핀치 각각에 번호를 붙이고, 핀치 하나하나를 붙잡아 부리 길이를 상세히 재고, 말썽을 부리는 핀치를 따라 화산 분화구를 아슬아슬하게 뛰어다니면서 핀치에게 일어난 작은 변화에 대한 기록을 쌓았다.

이 책의 작가 조너선 와이너는 영향력 있는 과학 칼럼니스트다. 그는 책 곳곳에 다윈의 저서 『종의 기원』을 인용한다. 그 덕분에 독자들은 다윈이 예상한 진화의 플롯이 바로 지금 갈라파고스 제도에서 진행되고 있다는 사실을 금세 알아차릴 수 있다. 작가의 안내를 따라 다윈을 먼저 만나 보자. 그 뒤에 우리는 대프니메이저 섬으로 향할 것이다.

다윈, 따개비들의 변이를 관찰하다

지금으로부터 170여 년 전, 다윈은 해변가에 앉아 '못생긴 꼬마 괴물'이라 부르곤 했던 바닷가 따개비들의 변화무쌍함에 감탄하는 중이었다. 뿔처럼 생긴 돌기를 가진 따개비, 꼭대기 구멍이 갈라진 따개비, '멋지게 구부러진 튼튼한 이빨'을 가진 따개비 등 그들이 갖춘 각양각색의 모양, 즉 '변이(variation)'를 관찰하고 있었던 것이다. 다윈은 바닷가 작은 돌들 사이에 붙은 따개비들에게도 변이가 끊임없이 적용되고 있음에 놀라움을 감추지 못했다.

지구상의 생물들은 왜 이렇게 다양한 모습을 하고 있을까? 이 다양성은 과거에 일어난 어떤 일들의 산물일까? 대프니메이저 섬의 귀여운 핀치들을 자세히 관찰하다 보면 그들을 큰땅핀치, 작은땅핀치, 선인장핀치 등 여러 종으로 분류할 수 있다. 서로 다른 몸의 크기, 부리의 길이와 크기 등을 기준으로 말이다. 그러나 이런 차이는 크지 않아서 따개비에서처럼 꼼꼼히 관찰해야만 겨우 찾을 수 있다. 하여튼 따개비의 이런 작은 변이, 혹은 점이(fine graduation)들을 보고 다윈은 '하나의 종이 다른 종으로 서서히 바뀔 수 있다'는 결론을 내리게 된다. 다윈은 이내 하나의 종에서 다른 종으로 바뀔 때의 중간 단계들이 목격되지 않는 이유는 무엇인지 질문을 던진다.

조금 첨언해 보겠다. 진화는 변이가 축척되며 이루어진다. 그런데 자연에서는 왜 중간 과정은 보이지 않고, 결과만 보이는 걸까. 우리가 보고 있는 자연이 중간 단계의 종들로 가득 찬 혼란 상태에 있지 않고, 동식물 백과사전에 차례로 수록된, 잘 정의된 종들로 이루어져 있는 이유는 뭘까?

다윈의 대답은 이렇다. 과거의 생존 경쟁에서 가려진 승패가 지금의 생물상을 만든다. 즉, 경쟁에서 이긴 종만 남아 있다는 것이다. 현재 살아남은 종은 한때 중간 단계였겠지만 몇 번의 성공을 연속으로 거두어 종이라는 지위를 획득한 이들이다. 당연히 현재를 살아가는 우리가 만날 수 있는 건 이들뿐이다. 중간 형태는 언제나 존재해 왔다. 과거에도, 지금에도, 그리고 앞으로 진행될 진화의 매 순간 속에도. 그러나 '지금 살아남아 있지 않은' 이들은 우리로서는 만날 길이 없다는 것이다.

그런데 만약 누구라도 진화의 중간 단계에 있는 종을 찾아낸다면, 우리는 새로운 종이 탄생하는 현장, 즉 진화가 가장 빠르게 진행되는 곳을 발견한 것이 아닐까? 이러한 분기점, 즉 교과서에서 보던 '생명나무'가 새로운 가지를 막

뻗어 내는 곳을 찾아낼 수만 있다면 말이다.

그렇다면 다윈이 생각지도 못했던, 새로운 종이 막 탄생하는 혼란스러운 현장을 목격하는 일이 가능하다는 것이다. 물론 다윈은 그조차도 너무 느릴 것이라 생각했지만. 그런데 이 생각은 과연 옳은 것이었을까?

새로운 잡종 핀치의 탄생을 목격하다

그로부터 약 150년 후, 그랜트 부부는 다윈이 들으면 깜짝 놀라 자빠질 만한 현상을 갈라파고스 제도의 대프니메이저 섬에서 관찰한다. 느닷없이 서로 다른 종에 속한 작은 땅핀치와 중간땅핀치가 짝짓기를 한 것이다. 그들은 불행한 연인이었다. 서로 다른 종인 이 둘의 사랑이 결실을 맺는다 한들 과연 몇 세대나 이어질 수 있을까? 그들 사이에서 태어난 '잡종' 새끼 새들이 대프니메이저 섬의 환경에 잘 적응할 것이란 보장이 없었다.

적어도 1987년 대프니메이저 섬에 대홍수가 일어나기 전까진 그랬다. 그러나 홍수라는 환경 변화 이후에 이 잡종들의 적합도(어떤 종이 주어진 환경에 잘 적응하는 정도)는 상당히 크게 올랐다. 순종인 작은땅핀치와 중간땅핀치의 적합도보다도 높았다.

여러모로 이들은 달라진 환경에 잘 적응하고 있었다. 그들의 부리 때문이었을까? 혹은 몸집이나 날렵함 때문이었을까. 잡종으로서의 특징 중 어떤 것이 대홍수 이후의 환경에서 더 잘 살아남을 수 있는 우위를 주었는지는 확실하게 모른다. 그러나 분명한 건 잡종들이 새로 등장한 종이 통과해야 하는 관문인 '선택압⁺'을 충분히 이겨 내고 있다는 사실이었다.

책에는 그랜트 부부의 토론이 생생히 담겨 있어 이들이 결론에 이르는 과정을 잘 이해할 수 있다. 세계 최고 진화 생태학자 부부의 토론을 듣는 셈이다. 앞서 대홍수 이후에는 잡종 핀치의 등장이 당연하다는 듯이 받아들여졌지만,

---

+

선택압 : 진화에 참여하는 모든 생물들에게 가해지는, 보이지 않는 압력이나 흐름. 섬에 가뭄이 들어 모양이 둥근 열매밖에 생산되지 않는다면, 그 열매를 먹을 수 있는 두껍고 큰 부리를 가진 핀치새들이 더 잘 살아남는 방향으로 선택압이 작용한다. 즉, 가뭄이라는 상황 아래에서는 두껍고 큰 부리에 대한 선택압이 형성되는 것. 선택압은 이처럼 자연의 특정 조건 하에서 '더 잘 살아남는' 이들을 고르는 채와 같은 기능을 한다. 어떤 것이 이 선택압의 구멍을 통과해서 나갈지는 순전히 우연에 달려 있다.

운 좋게 살아남은 잡종 계통이 확실히 하나의 독자적인 종으로 분화할 수 있는 걸까? 기존의 순종들보다 경쟁력을 발휘하여, 혹은 기존의 순종들과 '피가 섞이지 않고' 말이다. 여기서 '종'이라고 말하는 일에는 다른 기존의 종들과 '구별'된다는 의미가 중요함을 알아 두자.

> "우리가 연구하는 핀치들 중에서 거의 99퍼센트는 종이 확실해. A는 A끼리 짝짓기를 하고, B는 B끼리 짝짓기를 하니까 말이야." 피터가 말한다. "맞아요. 그들은 노래, 몸집, 모습이 달라요. 우리가 구별하기 쉽고, 자기들끼리도 구별하죠. 그러니 종이 분명해요." 로즈메리가 거든다. … "그게 매우 복잡한 문제인 건 틀림없어." 피터는 말한다. 불현듯 냅킨 위에 '운 좋은 잡종 계통'의 미래를 그리기 시작하는데, 한두 번 해 본 솜씨가 아닌 것 같다. … 피터는 (A와 B를 나타내는) 두 개의 두꺼운 구름 사이에 점 몇 개를 드문드문 찍으며 말한다. 그가 그린 그림을 살펴보면, 잡종은 두 그룹 사이의 공간에서 이리저리 떠다니는데 숫자가 매우 부족하다는 걸 금세 알 수 있다. "잡종은 소수이므로 다른 잡종보다는 기존 계통의 새들과 짝짓기 할 가능성이 더 높아. 그러니 그들의 자손은 후퇴을 하게 되지. 새로움을 희석한다고나 할까?"
>
> ———————————————————— 『핀치의 부리』 351~352쪽

그랜트 부부는 앞으로도 계속 이 신종 핀치들의 활약을 지켜볼 것이다. 진화를 목격한 그들의 이야기는 불과 10년 전에 출판되었다. 그야말로 따끈따끈한 소식이다. 진화 그 자체가 그렇듯 진화에 대한 연구도 매우 빠른 속도로 나아가는 중이다. 그 속도감을 우리는 『핀치의 부리』에서 마음껏 느낄 수 있다.

자연을 바라보는 관점 중 하나, 진화

그랜트 부부의 발견을 비롯, 지금까지와는 또 다른 진화론의 증거들이 쌓여 가는 모습은 마치 새로운 과학 혁명의 초반부를 보는 것 같다. '오늘날 모든 과학 분야를 통틀어 한 사람의 사유가 이만큼 커다란 그늘을 드리우며 분위기 전체를 지배하고 이끌어 가는 분야는 없을 것이다'라는 작가의 말이 의미심장하다. 그의 말대로 진화론은 처음엔 다윈 한 사람의 머릿속 추론일 뿐이었지만, 차츰 더 많은 과학자들로부터 받아들여지며 설득력을 얻고 있다. 진화론이 현재 자연 과학 분야에서 널리 통용되는 관점이 된 건 이런 과정을 통해서였다.

그러나 자연의 원리에는 인간이 고안한 관점으로는 설명하지 못하는 부분이 있을 수도 있다. 어쩌면 자연의 신비를 설명하는 데에는 그 어떤 천재적인 관점도 역부족일지 모른다. 실제로 진화론을 둘러싼 과학과 종교의 갈등 속에 다양한 의견들이 존재하듯, 진화론도 이러한 더 큰 틀 속에서 바라볼 수 있지 않을까.

『공생자 행성』 린 마굴리스 | 사이언스북스 | 2007

처음으로 공생을 이야기한 과학자

뭔가 엄청나게 대단한 것을 발견했는데, 그에 대해 굉장히 차분한 어조로 말할 수 있는 사람이 몇이나 될까? 그 이야기를 듣는 이들은 '조금만 천천히 말하라'고 수없이 강조해야 할지도 모른다. 나는 『공생자 행성』을 읽으면서 작가 린 마굴리스의 빠른 이야기 속도에 몇 번이나 혀를 내둘렀다. 간신히 주제 하나를 파악하면 금세 다른 주제가 펼쳐지곤 했다. 그녀가 평소 연구에 몰두해 있을 때 사고의 흐름이 얼마나 신속하게 전개되는지 알 것 같았다.

그러나 이 책이 '세포 공생설'을 처음으로 세상에 알린 책이라는 걸 떠올리면 이토록 빠른 속도와 흐름이 이해가 된다. 세포 공생설은 거의 다윈의 자연 선택 이론만큼이나 생물학자들의 사고 체계에 대단히 큰 영향을 준 생각이니까 말이다.

세포 공생설이란 말 그대로 하나의 세포가 이전에 서로 다른 생명체였던 개체들이 공생한 결과물이라는 가설이다. 우리를 포함한 동물과 식물들을 이루는 세포 속에는 에너지를 만들어 내는 미토콘드리아, 광합성을 하는 초록색의 엽록체 등 특화된 기능을 갖고 있는 기관들이 여럿 들어 있다. 처음부터 우리 세포의 일부인 줄 알았던 이 기관들은 놀랍게도 박테리아를 조상으로 두고 있었으며, 박테리아는 아주 오래전 어떤 사건으로 인해 우리의 세포에 찾아온 방문객이었다. 그 뒤로도 아주 오랫동안 눌러앉은 방문객. 도대체 이들이 어떻게 우리의 세포 속에 버젓이 자리를 차지하게 되었을까?

아주 먼 과거의 어느 날, 전자 전달계라는 단백질 사다리를 이용해 산소를 만드는 박테리아들이 있었다. 뛰어난 능력을 가진 이들이었지만, 외부 환경에서 자신을 지킬 보호막 없이 생존하기는 어려웠다. 해서 그들은 현재 동물 세포와 식물 세포의 조상 격인 진핵 세포에게 산소 생산을 대신해 줄 테니 자신들이 머무를 장소를 제공해 달라고 제안했다. 진핵 세포가 제안을 받아들이며 합의는 이루어졌고, 이렇게 박테리아와 진핵 세포의 공생이 시작되었다.

세포 공생설은 학자들의 생각에 지대한 영향력을 끼치고 있다. 모든 생물학자들의 연구 주제는 어떤 식으로든, 몇 다리를 거쳐서든, 이 세포 공생설의 기본적인 주장들과 연결된다. 어떤 것을 고르더라도 말이다. 세포 공생설의 발견자로서 자신의 발견을 흥분된 어조로 소개하는 린 마굴리스의 필치는 굉장히 매력적이다.

핵 바깥에 있는 것도 유전된다

세포 공생설도 강렬하지만, 린 마굴리스가 과학자로서 늘 독특한 길을 택했다는 사실 또한 그녀를 특별한 위치에 서게 한다. 책 전반에 걸쳐 그녀 스스로가 이야기하듯 그녀의 흥미와 관심사, 또 연구 주제는 늘 주류에서 벗어나 있었다. 그녀가 학위 과정에서 첫 연구 주제로 택한 것은 당시로서는 탄생한 지 불과 몇 년도 되지 않은 따끈따끈한 신생 학문이었던 '세포질⁺유전학'이었다. 유전 물질이 핵 속에 들어 있다는 사실이 밝혀진 이 시기의 과학자들은 너무 들뜬 나머지 핵이 아닌 다른 곳에도 유전 물질이 발견될 수 있을 거란 가능성조차 떠올리지 못했고, 바로 이때 '핵 바깥도 한번 봐야 되지 않겠어?'라고 생각한 극히 소수의 인물들이 바로 세포질 유전학의 창시자들이었다. 린 마굴리스는 망설임 없이 이 '희귀한' 주제를 자신의 첫 번째 연구 분야로 택했다. 그리고 그 선택만큼이나 잇따른 행보들도 독특했다.

과학자는 연구 주제를 어떻게 정할까? 그 결정에는 아마 지금껏 자신이 해 온 생각과 선택들이 커다란 영향을 끼칠 것이다. 린 마굴리스에게는 그녀가 대학 시절에 들은 강의가 그 영향 중 하나였다. 그것은 '자연과학2'라는 강의였다. 강의는 전공 교재를 정독하는 대신 선행 과학자들이 직접 쓴 글을 읽는 식으로 진행되었다. 어떤 식으로든 그들이

✦
세포질 : 세포의 가장 중요한 곳이자 중심부인 핵을 제외한 다른 곳을 '세포질'이라고 한다. 세포질이라 부르는 이 공간은 다양한 세포 소기관들로 이루어져 있다. 놀라운 것은 핵 속에만 유전 물질이 들어 있는 줄 알았는데, 이곳의 여러 소기관 중 하나인 미토콘드리아와 엽록체 속에도 유전 물질이 들어 있다는 것이다. 식물 세포, 동물의 난자, 혹은 여성의 생식 세포는 핵 바깥에 놓인 유전 물질들의 영향을 아주 크게 받는다. 또 동물 세포의 산소 호흡과 식물의 잎 색깔이 변하는 현상도 의외로 핵 밖에 있는 유전 물질의 발현에 지대한 영향을 받아 나타나는 현상들이다.

직접 남긴 글이어야 했다. 그중에는 논문, 도서관에 보관된 문헌, 단순한 일기도 있었다. 폭우처럼 쏟아지는 방대한 양의 글 속에서 그녀는 유전자설을 제창한 토머스 헌트 모건, '파리방**'에서 다양한 초파리들의 염색체를 분석한 유전학자 스터티번트 등을 만났다.

그들의 기록이 공통적으로 이야기하는 것은 생물학이라는 학문이, 몇몇 중요한 철학적 질문들의 해답을 찾아갈 수 있는 하나의 방식이라는 것이었다. 그 이후부터 린 마굴리스는 과학에 대한 그녀만의 정의를 만든다. 그것은 과학을 철학과 같은 '하나의 사유 방식'으로 이해하는 자세였다.

한편, 연구 외적인 소신도 뚜렷했던 린 마굴리스는 추상적인 개념에 집중하던 유전학 분파들을 두고 과학이라기보다 '종교에 더 가깝다'고 비판하거나, 그녀가 재직하던 대

++
파리방 : 인간은 초파리를 가지고 처음으로 한 생물의 유전자 지도를 완성했다. 초파리가 실험실에서 처음으로 쓰인 건 1900년 하버드 대학의 한 실험실에서였지만, 본격적으로 유전학 연구의 실험 동물(model organism)로 쓰이기 시작한 것은 시간이 좀 더 흐른 후 컬럼비아 대학에 있는 모건의 실험실에서였다. 그때 모건의 두 제자 중 한 명이 바로 스터티번트다. 이들의 실험실은 '파리방'이라는 별명으로 불리면서 유전학 연구의 첫발을 내디딘 곳이 됐다.

학의 고생물학과와 유전학과 사이에 왕래가 전혀 없는 학문 간의 분리를 염려하는 모습을 보여 주기도 한다. 연구와 삶의 방향에 있어서 그녀의 태도는 뚜렷했다.

모든 빼어난 인물들이 그러하듯 그녀는 자신만의 방식으로 지적 탐구를 계속하여 마침내 세포 공생설이라는 역사적인 발견의 주인공이 된다. 핵 바깥의 세포 소기관 중 특히 미토콘드리아와 엽록체에 대해 연구하고 그들의 기원을 추적하면서, 결국 그들의 조상은 오래전 우리 세포와의 공생을 시도한 외부 박테리아였다는 사실을 알아낸 것이다.

지구의 주인공은 우리가 아니다

지구를 볼 때 가장 눈에 잘 띄는 생명체가 무엇일까? 아마 인간일 것이다. 여러 모습의 인간들이 도시 곳곳의 건물을 바쁘게 드나들고, 길을 건너고, 배와 비행기로 바다를 건너며, 곳곳에 작은 집들을 짓고 사는 모습을 멀리서 지켜본다면 재미가 쏠쏠할 듯도 하다.

그러나 놀랍게도, 린 마굴리스의 다른 책 『마이크로 코스모스』에 의하면 지구상에서 가장 성공한 생명체는 실은 시아노박테리아*라는 조그만 초록색 세균이다. 눈에 잘 보이지도 않는 이 녀석은 햇빛만 있다면 불과 며칠 만에 지구 어디라도 뒤덮을 수 있다. 게다가 시아노박테리아는 대표적인 '공생의 승리자'다. 조류와 식물 세포 속에서는 엽록체로 살아가고, 식물의 잎 속 빈 공간이나 뿌리층, 줄기의 분비샘에서 살아가기도 한다.

지구 역사의 주인공이 인간이 아니라 눈에 보이지도 않는 미생물들의 것이었다는 사실은 상당한 충격이다. 어쩌면 인간은 이 '공생자 행성'의 역사에서 철저히 변두리에 있는 존재였던 것 같기도 하다.

핵 속의 유전 물질이 궁금했던 과학자들은 유전자의 조절과 유전 물질 전달의 원리를 자세히 규명해 냈다. 반대로 핵 바깥쪽에 있는 것들을 알고 싶었던 과학자들은 세포에게 일어났던 수억 년 동안의 일들을 알아내어 생명 역사에 대한 새로운 관점을 선사할 수 있었다. 무엇을 궁금해할

✛
시아노박테리아 : 남조류, 남세균이라고도 한다. 저 옛날 지구가 뜨거운 불구덩이 같았을 때, 광합성을 통해 원시 지구 대기에 산소를 처음 공급한 생물 중 하나로 추정된다. 그만큼 시아노박테리아는 오래전부터 지구에 터를 잡았다.

지는 정할 수 있을지 모르나, 그 궁금증이 어떤 발견을 내놓을 것인지는 한 치 앞도 예상할 수가 없는 것. 과학이 매력적인 이유다.

『붉은 여왕』 매트 리들리 | 김영사 | 2006

125

번식인가, 생존인가?

자, 우리 인간에게서 '욕구'를 하나씩 빼앗아 보자. 양
보하기 쉬운 것들부터 하나씩 박탈해 보는 거다. 우선 존재
에 관한 물음을 던지거나 추상적인 관념을 두고 철학적 논
쟁을 벌이고, 음악을 작곡하는 것 등은 상당히 정신적인 작
업을 요한다. 정신적인 욕구는 상당히 고차원적이지만, 빼
앗아 간다 해도 그리 큰 문제는 아닐 것이다. 절대적인 배고
픔이나 다른 이들과 무리지어 살고 싶은 것보다 더 본능적
인 욕구는 아닐 테니 말이다.

그렇다면 타인에게 인정받거나 어딘가에 소속되고 싶

은 욕구는 어떨까? '외로움이 현대인의 가장 큰 적'이라는 말에서도 나타나듯 무리에 속하고 싶은 욕구는 인간에게 아주 중요한 욕구 중 하나다. 가장 정신적인 활동처럼 보이는 종교 활동도 결국 다른 이들과 같은 믿음을 공유하면서 유대감을 느끼고 싶은 데서 출발했을지 모른다. 그러나 타인과 결합하고자 하는 욕구도 자기 자신의 목숨을 부지하는 것보다 중요하지는 않을 것이다.

생존 욕구는 육체에 기대고 있다. 잠을 자지 못하거나 오랫동안 배를 곯아 육체가 피로해질수록 인간은 죽음에 가까워진다. 육체는 다양한 방식으로 인류 역사에 영향을 줬다. 만약 맛을 느끼는 혀가 없다면 후추나 강황 등 다양한 향신료들이 존재할 수 있었을까.

육체가 허락하는 만큼 인간이 경험하는 감각의 범위는 늘어났고, 또 육체의 기관들이 각자 제 역할을 할 수 있을 때 인간의 생존이 가능했다. 그러나 육체가 할 수 있는 일은 생존뿐만이 아니다. 화려한 생김새와 뛰어난 체격은 상대를 유혹하는 데 쓰이기도 하지 않던가. 이는 번식의 욕구와 직결된다. 앞으로 소개할 책 『붉은 여왕』이 다루는 욕구가 바로 번식이다. 진화에 있어서는 번식의 욕구가 생존보다도 더 중요한 동력이었을지 모른다. 『붉은 여왕』은 이런 발칙한 생각을 풀어낸다.

책을 읽기 전에 웹툰 〈유미의 세포들〉에 등장하는 '응큼 세포'를 한 움큼 탑재하길 권한다. 응큼 세포의 눈으로 인간의 행동과 인간 사회를 바라보면 어떨까. 알고 보니 엉큼한 번식의 욕구가 지배하고 있었던 그 무대들을 말이다.

나의 유전자는 살아남을 수 있을까?
성이라는 실험

앞서 『핀치의 부리』에서 본 살아남은 잡종 핀치들을 기억하는가. '자연 선택'이 '잘 적응하는 놈들'을 남기는, 즉 생존 능력이 있는 개체들을 남기는 자연의 거름망이라면, 『붉은 여왕』은 이에 대응되는 '성 선택'을 소개한다. 성 선택은 '잘난 놈들', 즉 상대를 조금 더 잘 유혹하는 놈들을 남긴다. 조금 더 근사한 둥지를 만드는 새, 보다 화려한 꼬리 깃털을 가진 공작새를 말이다.

'나의 유전자가 내 자손에게 전달되지 않으면 지금의 생존이 의미 있을까?' 모든 생명체는 이런 모종의 불안감에 사로잡혀 있다. '성(性)'은 바로 이 불확실함을 해결하기 위해 존재한다. 인간을 비롯한 많은 생명체에게 쾌락을 선사하기도 하지만 그 안에는 진화적 유리함을 차지하려는 의도가 있다.

성을 가지고 하는 생식을 유성 생식, 서로 구분되는 성을 필요로 하지 않는 생식을 무성 생식이라 한다. 유성 생식을 한다는 것은 곧 나와 다른 성을 가진 개체와 유전자를 섞는 것이므로, 자손은 보다 다양한 재료가 섞인 유전자 세트를 물려받는다. 반면 무성 생식에서는 모든 부모와 자손의 유전자가 동일하다. 때문에 무성 생식에서의 번식은 단지 나와 똑같은 클론(clone)을 만드는 것과 별다를 게 없다.

유성 생식 자손의 생존률은 무성 생식 자손의 생존률보다 절대적으로 높다. 그 이유가 뭘까? 바이러스가 열쇠를, 숙주 세포가 자물쇠를 갖고 있다고 상상해 보자. 바이러스는 숙주 세포에 침투하기 위해 숙주 세포 표면의 어떤 분자에 딱 들어맞는 단백질 분자를 만든다. 마치 열쇠와 자물쇠 관계처럼 말이다. 바이러스가 열지 못하는 자물쇠를 만들어야만 그의 침입을 막을 수 있으므로, 숙주 세포는 최대한 많은 자물쇠를 만들 수 있어야 유리하다.

이때 유성 생식을 하는 생물은 '유전자 섞기'를 통해 무성 생식 종보다 더 많은 종류의 자물쇠를 만들 수 있을 것이다. 그 말은 곧, 유성 생식 종이 보다 더 다양한 바이러스들에 대한 저항성을 가진다는 뜻이다. 때문에 대표적인 무성 생식 생물인 효모보다는, 심사숙고하여 고른 상대와 한바탕 짝짓기를 하는 침팬지의 자손이 생존률이 훨씬 더 높을 수밖에 없다.

그러나 그만큼 유성 생식 생물들은 성 선택의 승자가 되기 위해 갖은 노력을 해야 한다. 이는 유성 생식이 자연에 지불해야 하는 대가다. 성 선택 역시 경쟁을 동반한다. 책은 이를 '다른 성을 지닌 개체를 차지하기 위해 같은 성을 지닌 구성원들 사이에 벌어지는 끊임없는 경쟁'이라고 이야기하고 있다.

> 진화는 가장 적합한 개체의 생존이라기보다는 차라리 가장 적합한 개체의 번식에 관한 것이다. 즉 지구의 모든 생물은 기생 생물과 숙주 사이에, 한 유전자와 다른 유전자 사이에, 같은 생물의 구성원들 사이에 그리고 다른 성을 지닌 개체를 차지하기 위해 같은 성을 지닌 구성원들 사이에 벌어지는 일련의 끊임없는 역사적 투쟁의 결과이다.
>
> ――――――――――――――――― 『붉은 여왕』 264쪽

또한 번식은 단순히 수를 늘리는 것이 다가 아니다. 보다 더 우수한 유전자를 자손에게 물려주기 위해 반대쪽 유전자 세트를 제공해 줄 수 있는 파트너를 찾아내는 것이다. 그렇기에 같은 성을 가진 이들과의 경쟁은 너무나도 치열할 수밖에 없다.

이러하다 보니 생명체들은 번식 방법을 가지고 다양한 실험을 시도하기에 이르렀다. 그 결과 일부일처, 일부다처, 그리고 한 마리의 암컷 앞에서 여러 마리의 수컷들이 영역을 공유하며 다양한 솜씨를 선보이는 레크*까지, 다양한 번식 방법들이 존재하게 되었다. 예를 들면 대부분의 조류들은 일부일처제인데, 이 방식은 안정적인 자손 양육을 담보해 준다. 또 다른 번식 방법은 완전히 다른 분위기다. 암컷과 수컷의 외도를 서로가 못 알아차리도록 담보해 줌으로써, 근처의 조류 유전자 풀이 더욱 다양해진다. 동물들에게

+
레크 : 레크(lek)만큼 독특한 짝짓기 형태는 없을 것이다. 수컷들이 번식 장소에 일제히 모여 대열을 이루고 있으면 이내 암컷이 등장해 수컷들을 매섭게 살핀다. 그리고 자신의 파트너를 고른다. 어떤 암컷은 하루 만에 짝을 결정하지 못하고 며칠 동안 심사숙고하기도 한다. 가장 훌륭한 유전자를 찾기 위해 그 많은 수컷들을 살펴보고, 며칠간 고민하는 수고를 마다하지 않는 것이다.

서 보이는 다양한 번식 방법들은 성을 효과적으로 활용하는 것이, 번식의 욕구를 충실히 따르는 것이 진화에서 아주 중요한 일이라는 사실을 말해 준다. 성은 보이지 않는 진화의 주인공이었다.

붉은 여왕의 끊임없는 경주

성 선택 현상에서 다양한 양상의 경쟁을 관찰한 작가는 한 발짝 더 나아가 생명체 간 경쟁의 본질을 찾아내려 한다. 그리고 그 본질을 다소 독특하게도 『거울 나라의 앨리스』에 등장하는 붉은 여왕의 이야기를 빌려 설명한다.

붉은 여왕은 경이로운 달리기 실력의 소유자다. 문제는 여왕이 달릴 때 주변 경치가 같이 움직이기 때문에, 그녀가 아무리 달린다 한들 제자리에 머물러 있는 것과 다를 바 없다는 것이다. 때문에 여왕은 있는 힘껏 달리지 않으면, 영영 서 있는 그 자리를 벗어날 수 없다. 성 선택이라는 경주의 두 주자, 서로 다른 두 성도 마찬가지다.

이 경주는 한 번에 두 가지 층위에서 진행된다. 같은 성끼리는 경쟁을 한다면, 파트너 관계로 엮인 다른 성의 개체들과는 늘 비기는 게임을 한다. 후자를 한번 살펴볼까. 암수는 모두 많은 대가를 치른다. 수컷은 암컷에게 선택받는 우두머리가 되기 위해 싸우느라 지칠 대로 지치고, 때때로 실패해서 죽음에 이른다. 암컷은 새끼를 기를 때 수컷의 실제적인 도움을 전혀 받지 못하는 경우가 많다.

순조로운 유전자 보존을 위해, 그리고 효과적인 '유전자 다양성 확보'를 위해 시작된 이 경주는 서로를 끊임없이 유혹하는 게임이다. 그러나 두 성의 상대적인 지위는 어느 시점에서 보나 똑같다. 누구도 이길 수 없는 제로섬 게임이었던 것이다. 우리 모두는 일단 한번 시작한 이상 결코 멈출 수 없는 체스 게임 안에 들어와 버린 것이다. 이것이 성 선택을 통해 드러난, 『붉은 여왕』이 말하는 지상 경쟁의 이면이다.

성은 단순히 쾌락적 요소로만 바라보기에는 대단히 복잡다단하다. 이 게임에는 유전자의 성공적인 다음 세대 전달, 자녀 양육을 돕는 수컷의 책임, 먹이와 서식지 차지 등 다양한 이해관계가 동시에 작동한다. 생명체가 유전 물질을 전달하는 기계라는 리처드 도킨스의 주장이 게임의 상위 규칙이라 한다면, '성 선택'은 그 규칙을 바탕으로 이루어지는 생명체들의 행동을 이해할 수 있는 세부 규칙이 아닐까.

작가는 책에서 세계를 쑥대밭으로 만들어 놓았던 몇몇 전쟁들은 모든 명분과 이념을 걷어 내고 나면 여자를 사이에 둔 남자들 간의 권력 다툼으로 요약할 수 있을지 모른다는 흥미로운 주장을 제시하기도 한다. 성 선택이라는 게임을 잘 이해한다면 우리는 인간의 행동에 대한 이 같은 다양한 해석 틀을 접할 수도 있다.

'어떻게'와 '왜'

마지막으로 생물학 연구의 본질에 관한 작가의 견해가 흥미로워 소개하고 싶다. 그의 의견에 따르면 물리학에서는 '왜'라는 질문과 '어떻게'라는 질문 사이에 큰 차이가 없다. '지구는 왜 태양을 도는가?'와 '지구는 어떻게 태양 주위를 도는가?'의 두 질문을 비교해 보자. 답은 '중력 때문'으로 두 답이 같을 것이다. 그러나 생물학에서는 늘 '어떻게'와 '왜'에 대한 답변이 다르다. 왜 그럴까?

공작새는 왜 화려한 깃털을 가지게 됐을까? 진화의 역사를 거슬러 올라가면 답을 알 수 있다. 그것은 과거에 살았던 한 암컷 공작새의 선택에 따른 결과였다. 그 새가 과거의 어느 순간, 예쁘고 화려한 깃털을 선호했기 때문이다. 한편, 어떤 역사적 관점에서 보든 중력은 언제나 동일한 중력이다. 시대에 따라 중력을 보는 사람들의 관점이 달라지지는 않는다.

그러나 생명체가 겪은 일은 일련의 우연적 선택들의 영향을 받는다. 이 우연적 선택들의 연속을 우리는 다른 말로 진화라 부른다. 즉, 생물학에서 어떤 일에 관해 '왜'를 묻는다면 그 일의 역사를 통째로 가져와야 질문에 완전하게 답할 수 있다. 단순히 공작새의 깃털 색깔이 다양해질 수 있었던 과학적 원리를 묻는 '어떻게'라는 질문과는 분명 다른 답변이 나올 수밖에 없다.

때문에 어떠한 생명 현상을 연구하는 것은 어찌 보면 그 역사를 추적하는 일이다. 다르게 말하자면 생명체가 현재의 모습에 이르는 동안 거쳐 왔을 수많은 경쟁과 선택을 역으로 돌아보는 일이나 다름없다. 『붉은 여왕』은 그래서 진화 생물학을 다루는 과학책이기 이전에, 진화의 역사를 독특한 관점에서 기술한 '역사책'이다. 작가가 생각하는 생물학 연구의 본질을 대변이라도 하듯이 말이다. 책 속의 수많은 학설들과 사례들은 '매력'에 관한 길고 긴 역사 여행을 유연하게 풀어낸다.

‘도대체 우리는 무엇에 끌리는가?’『붉은 여왕』은 ‘멋진 수컷과 암컷’으로 거듭나는 비법을 말해 주는 책은 아니지만, 그 어떤 심리학자나 진화를 연구하는 사람들도 쉽게 답하지 못한 위의 질문에 답하고 있는 책이다. 망설이지 말고 책을 펼치자. 우리의 솔직한 본성과 만날 준비가 되었다면 말이다.

공대생은 글을 못 쓴다?

우리 모두는 한때 누군가의 첫사랑이었다. 그리고 멋진 SF소설(Science Fiction) 작가들 중 많은 이들이 한때 공대생이었다. 이 사실은 상당히 강력한 설렘 포인트다. 그럼에도 불구하고 공대생이 글을 잘 못 쓴다는 소문이 있다. '책과는 거리가 먼 공대생' 같은 선입견은 더 이상 놀랍지도 않다. 공대생은 수학만 잘하면 된다는 말인가.

흔한 소문대로 공대생은 정말 글을 못 쓸까. 공대생이 공부하는 내용들은 글쓰는 능력과 정말 상관이 없을까? 글쓰기는 진정 공대생이 평소 사용하는 두뇌 영역과는 전혀 다른 영역에 속한 능력인 걸까? 다양한 글쓰기를 해내는 것은 공대생에게 굉장히 중요한 역량이다. 연구하고 공부하면서 써야 할 글의 종류가 실제로 정말, 정말로 많기 때문이다. 실험

보고서, 논문, 연구 제안서, 교수님께 보내는 프로페셔널한 메일 쓰기는 물론이다. 저마다 목적이 뚜렷한 글들이고, 잘 쓰려면 연습과 훈련이 어느 정도 필요한 글들이다.

학술 논문의 도입부인 초록(abstract)은 비슷한 분야에서 먼저 연구되거나 발견된 내용들, 논문의 내용과 관련된 배경 지식, 연구자가 사용한 실험 방법 등을 담는다. 보통 초록의 분량은 두 문단도 채 되지 않는다. 도입부가 너무 길면 논문 읽기 자체가 지루해지기 때문이다. 아무리 그래도 이 짧디짧은 분량 안에 논문 전체를 요약하기란 여간 어려운 일이 아닐 터. 초록을 잘 쓰기 위해서 대학원생들은 보통 잘 쓴 논문이나 같은 연구실 선배에게서 좋은 초록 형식을 빌려 연습을 하곤 한다. 그러면서 자기만의 형식을 찾아간다.

또 다른 미션도 있다. 대학원생이나 교수는 연구만 하지는 않는다. 연구비 충당을 위해 학과나 기업에 연구 주제를 '팔기도' 해야 한다(많은 대학원생과 교수들이 이 연구 제안서 작성으로 고통받는다). 연구 제안서는 바로 이럴 때 투자자나 기업이 흥미를 가질 만한 주제를 설명하기 위해 쓰는 글이다. 이런 제안서를 잘 쓴다는 것은 그 연구가 어떻게 기업의 프로젝트에 응용될 수 있는지, 기업 이미지와 얼마나 잘 어울리는 연구 주제인지, 산업이나 비즈니스 등으로 연결될 가능성은 얼마나 있는지 등을 잘 어필할 수 있다는 뜻이다.

아직 우리나라에는 많이 도입되어 있지 않지만 외국의 몇몇 대학원 과정에는 연구자들이나 전공자들을 위해 작문 수업이 따로 개설되어 있기도 하다. 최재천 교수가 미국에서 공부할 때 들은 강의도 그런 수업이었다. 그의 책『과학자의 서재』의 한 대목을 옮겨 보겠다.

> 테크니컬 라이팅 수업은 주로 대학원생이나 논문을 쓰던 유학생이 들었다. … 그 수업은 학생들이 써 오는 글을 교재로 했기 때문에 매주 꼬박꼬박 글을 써 가야 했다. 그런데 교재를 선정하는 방식이 파격적이었다. 열 몇 명의 수강생이 써 온 글을 제출하면 교수님은 그중 손에 잡히는 대로 하나를 골라 교재로 사용했다. 어떤 때는 논문들을 공중으로 휙 던져서 잡히는 것을 선택하기도 했다. 그러고는 조교에게 시켜 학생 수만큼 복사해서 나눠주도록 했다. 자기 글이 걸리는 날에는 망신살을 각오해야 했다. 조목조목 비판하는 것으로 수업이 진행되기 때문이다.
>
> ───── 『과학자의 서재』 220쪽

이제 질문을 한번 바꿔 볼까? 과연 공대생은 글을 잘 써야 할까? 자신의 연구 내용을 다른 이들에게 알리고, 교수를 설득하고, 과학이 낯선 사람들에게 과학을 재밌게 이야기해야 할 공대생에게 글쓰기는 이미 너무나 중요한 능력이다.

글쓰기가 과학자에게 하나의 역량 혹은 특기가 되는 경우가 있는가 하면, 과학 그 자체가 전문적인 작가들의 글감이 되는 일도 많다. 고생물학자 스티븐 제이 굴드는 생물학자이면서 뛰어난 문장력을 구사하는 사람이었다. 비단 『풀하우스』 『판다의 엄지』 등과 같은 책이 아니더라도 전문 학술지에 게재한 학술 논문마저 수려한 문장으로 주목을 받곤 했으니 말이다. 그뿐인가. 컴퓨터 공학을 전공하고 실제로 소프트웨어 회사에서도 일한 SF소설 작가 테드 창은 소설 속에 과학뿐만 아니라 철학까지 너끈히 담아낸다.

이들처럼 과학을 소재로 소설과 에세이를 써 내는 글쟁이들의 글을 읽다 보면 어디서 영감을 받는지 궁금해진다. 혹시 실험실에서 보낸 시간에서 영감을 받는 것일까? 실험 결과를 조용히 기다리며 느끼는 그 떨림과 긴장에서? 윙윙 소리를 내며 말없이 돌아가는 실험 기계들에 둘러싸여 있을 때는 공포 영화의 한 장면을 상상할지도 모른다.

지금도 공대 어딘가에 서식하면서 글감을 찾아다니는 글쟁이들의 데뷔가 기다려진다. 아무도 상상하지 못했을 재미난 이야기를 들려줄 이 글쟁이들은 지금 어디에서 무엇을 하고 있을까. 공대생은 글을 잘 못 쓴다고? 적어도 공대생은 그렇게 생각하지 않는다.

chapter 4

생태계 속으로 들어간 과학자

경이로운 꿀벌의 세계

침묵의 봄

자연은 인간 사회보다 몇 배는 더 웅장하고 다채롭다. 그 안에는 우리가 이해하지 못한, 어쩌면 영원히 이해하지 못할 세상이 있을지 모른다. 생태학자들은 사람의 발길이 닿지 않은 오지를 탐험하거나 한 번도 녹은 적 없는 빙하를 탐사하듯 아직 발견되지 않은 세계로 발을 내디딘다. 그 속에서 인간 사회와 비슷한 규칙을 발견하거나 가끔은 그보다도 훨씬 더 복잡하게 조직된 질서에 놀라기도 한다. 이곳에서는 그런 생태학자들의 이야기가 펼쳐질 것이다. 책 속에서 우리가 생태계를 알아야 하는 이유를, 마땅히 자연의 일원으로 살아가야 하는 이유를 찾아보자.

『경이로운 꿀벌의 세계』 위르겐 타우츠 | 이치사이언스 | 2009

벌, 초개체 생태학의 뮤즈

미국의 대표적인 시골인 앨라배마의 뜨거운 태양 아래
에서, 깡마른 체구의 생물학과 학생 하나가 몇 시간째 땅바
닥을 들여다보고 있다. 노인들은 지나가며 가끔 혀를 끌끌
찬다. '종일 개미집만 들쑤시는 놈이 있다'고 말이다. 그러
나 그 순간 입방아에 오르던 주인공 에드워드 윌슨은 사실,
그 누구도 발견하지 못했던 개미 사회의 비밀을 들쑤시는
중이었다.

개미들의 사회에는 어딘가 독특한 구석이 있다. 개미들
은 각자 부여받은 역할대로 개별적으로 분주히 움직이는 동

시에, 모두가 하나의 몸처럼 행동하기도 한다. 각자의 역할이 전체적인 조화를 더욱 자연스럽게 만드는 것이다. 에드워드 윌슨은 이 관찰을 바탕으로 개미 사회의 독특한 특징들을 정리해 나갔다.

같은 시각, 또 다른 한 과학자는 꿀벌들의 작은 사회에서 비슷한 장면을 목격하고 있었다. 꿀벌의 사회도 개미 사회와 같은 정교함이 있었다. 개별적으로 바쁘게 움직이는 동시에 한 몸처럼 행동할 수 있다는 점도 비슷했다. 분명 개미 사회와 꿀벌 사회에는 커다란 공통점이 있는 듯했다. 그비밀은 도대체 무엇일까?

여기서 탄생한 학문이 바로 초개체(superorganism) 생태학이다. 초개체는 여러 개체가 기능적·역할적으로 분담된 채 하나의 개체처럼 행동하는 모습을 나타낸다. 사실 '초개체'라는 단어는 초개체 생태학을 창시한 에드워드 윌슨과 그의 동료 베르트 횔도블러가 자신들이 알아낸 개미 사회 구조의 모습을 표현하기 위해서 직접 고안한 것이다. 이 책 『경이로운 꿀벌의 세계』는 꿀벌이 어떻게 해서 개미와 더불어 이 초개체 생태학의 주인공이 될 수 있었는지를 이야기한다.

본격적으로 그들의 사회 속으로 들어가기 전에 꿀벌이

얼마나 대단한 종인지 한번 짐작해 보는 것도 좋을 듯하다. 꿀벌은 꽃가루를 옮겨서 꽃의 생식 세포를 다른 꽃에 전달하는 '수분'을 한다. 즉 꿀벌은 꽃들의 짝짓기 매개자인 셈이다. 때문에 꽃 피우는 식물들의 번식에는 꿀벌이 반드시 필요하며, 꿀벌이 찾아오지 않는 식물은 자신의 유전자를 외부로 내보낼 수 없다.

그러니 꿀벌을 유혹하기 위해 꽃들이 이토록 다양한 색깔과 모양을 발달시켜 왔다고 해도 과언이 아니다. 꿀벌은 17만 종이나 되는 꽃 맺는 식물들의 꽃가루 옮기기를 전적으로 담당하는데, 꿀벌의 가짓수는 유럽 대륙 바깥에 9종, 유럽 대륙에 1종, 합쳐서 10종밖에 안 된다.

꿀벌이 이렇듯 꽃 매개자로서의 절대적인 독점권을 거머쥔 건 그들의 사회가 초개체라는 독특한 형태이기 때문이라고, 이 책의 작가 위르겐 타우츠는 이야기한다. 위르겐 타우츠는 생태학자다. 그는 꿀벌뿐만 아니라 나비의 사회도 연구하고 있으며, '초개체'란 단어를 고안한 횔도블러 교수와는 친구 사이다. 평생 곤충 사회를 들여다봐 온 그가 꿀벌 사회를 어떻게 묘사하는지 살펴보자. 수많은 생태학자들을 매료시킨 꿀벌 사회의 비밀에 대해서 말이다.

지금부터 당신은 우리의 여왕입니다

꿀벌이 살아가면서 겪을 수 있는 크고 작은 고난들 중 최악은, 아마 그들의 집이 없어지는 일일 것이다. 고등학교 때 하필 친구 기숙사 방 창틀에 터를 잡은 벌들이 있었다. 용케 그곳에 자리 잡은 벌집은 친구를 공포에 떨게 했다. 그러나 곧 방역 업체가 등장해 벌집을 제거했고, 벌집은 그 길로 6층 높이에서 땅바닥으로 떨어져 버렸다.

이럴 때 벌들이 가장 피해야 할 일은 바로 흩어지는 것이다. 흩어지면 한집에 살던 벌들 모두가 죽을 수 있다. 이들을 묶어 주는 것은 단순히 한 장소에 같이 산다는 사실만이 아니라, 그들이 함께 섬기는 여왕벌이라는 존재다. 이들은 지금의 여왕벌이 독립해 빠져나올 때, 그녀를 따라나선 벌들의 모임이다. 이 '따라나서기' 현상을 '분봉'이라고 부른다. 분봉의 날, 일벌들은 마치 인산인해를 이룬 구경꾼들처럼 여왕을 기다리기도 하고 재촉하기도 한다. 마침내 새로운 여왕벌이 준비되었다는 신호를 보내면 꿀벌들은 폭포수처럼 벌집에서 빠져나오기 시작한다.

분봉이 코앞에 닥쳐오면 여왕벌과 함께 떠날 일벌들은 가장 먼저 벌집에 저장된 꿀을 챙긴다. 식량은 최대 열흘간 견딜 수 있는 분량이다. 그 전에 새로운 거처를 찾아 정상적인 군락을 꾸려야 한다. 벌집을 떠나기 바로 직전에 이사 준비를 마친 벌들은 거칠게 주변을 날아다니며 고주파의 진동 신호를 만들어 내고, 여왕벌의 다리와 날개를 물어 대며 괴롭히기 시작한다. 이어 벌집으로부터 '꿀벌의 폭포'가 흘러나오기 시작한다. 벌집 주변의 상공은 벌들의 윙윙거림으로 요란하고, 벌들은 옛 둥지 근처에서 여왕벌과 함께 무리를 이룬다.

──────────────── 『경이로운 꿀벌의 세계』 48쪽 "

꿀벌 세계에서는 분봉, 짝짓기 비행 등 유난히 모든 꿀벌들이 함께 행동하는 일이 많다. 마치 옛 왕국들의 축제처럼 말이다. 이 모든 일들에서 중요한 역할을 하는 것이 바로 꿀벌 사회의 여왕이라는 존재다. 꿀벌들을 초개체로 묶을 수 있는 것은 기본적으로 이들이 같은 여왕을 섬긴다는 사실 덕분이다. 모든 꿀벌의 생애 주기가 여왕의 시계, 즉 여왕의 생애 주기에 맞추어져 있다는 것은 이 사회에서 여왕의 역할을 실감하게 한다.

그러나 동시에 꿀벌 사회는 늙고 힘없는 여왕에게는

아주 냉정하다. 여왕에게 더 이상 생식 능력이 없다고 판단되거나 여왕의 다리가 잘리는 등 신체적인 결함이 발견되는 즉시, 그들은 가차없이 여왕을 왕좌에서 끌어내린다. 여왕에게 그토록 많은 자원과 시간을 투자하며 말 그대로 '떠받들다가도' 실질적인 이득이 사라졌을 때에는 아쉬움 없이 여왕을 교체한다. 이런 꿀벌들의 행동을 보고 있으면 리처드 도킨스가 『이기적인 유전자』에서 제시한, 생명은 철저히 유전자를 전달하는 기계일 뿐이라는 말이 생각난다. 그는 모든 생명체의 행동과 습성에는 사실 유전자를 안정적으로 보관하고 전달하려는 목적이 숨어 있다는 다소 과격한 주장을 펼쳤다. 몸집이 크건 작건, 내부 구조가 간단하건 복잡하건, 생명체는 유전자의 목적에 따라 움직이는 유전자 전달 기계라는 것 외에는 다른 어떤 존재 의미도 갖지 않는다는 주장이다.

그러나 인간의 지성이나 이타적인 행동 등 그의 주장만으로 간단하게 설명하기 어려운 현상들도 많다. 하지만 적어도 꿀벌들이 여왕을 대할 때 보이는 철저히 기회주의적인 행동들은 도킨스의 설명을 통해 이해해 볼 수 있을 것 같다. 조금 더 여왕벌과 일벌의 관계를 들여다보자.

여왕벌이 유지시키는 꿀벌들의 정체성은 그들의 유전

자라고 할 수 있다. 군락 안의 모든 꿀벌들이 공유하는 유전자의 총합을 유전자 풀(pool)이라고 한다. 따라서 유전자 풀은 그 꿀벌 군락 고유의 유전자 구성을 담고 있다. 이 유전자 풀이 유지되려면 외부로부터 일정한 유전자 공급이 필요하다. 유전자 공급은 여왕의 몫이다. 한 군락의 유전자 풀속 유전자들은 모두 여왕벌의 유전자를 되풀이하여 만들어진 것이다.

때문에 여왕벌의 건강, 즉 생식 능력은 꿀벌들의 동료들과 자손들의 몸에 그녀의, 또는 모두의 유전 정보가 얼마나 잘 새겨질 수 있는지, 그리고 유전자 풀이 얼마나 잘 유지될 수 있는지와 직결돼 있다고 볼 수 있다. 일벌이 목숨을 걸고 여왕벌의 신변을 보호하는 이유가 여기 있다. 여왕과 꿀벌은 실은 이러한 철저한 이익 관계 속에 있었던 것이다.

꿀벌 사회에서 가장 작은 존재

책을 읽으며 이런 질문을 던져 볼 수 있을 것 같다. '하나의 꿀벌 사회에서 가장 작은 단위는 무엇일까?' 여왕의 역할로 미루어 볼 때, 여왕벌이나 일벌과 같은 거시적인 구성 요소의 저변에 있는, 눈에 보이지 않는 '유전자'가 바로 그 주인공일 가능성이 높다. 그렇다면 이젠 유전자의 관점에서 꿀벌 사회를 한번 들여다보자. 꿀벌 사회 속에서 회전하는 유전자의 상태는 화학에서 말하는 '동적 평형' 상태와 비슷하다. 겉보기에는 유전자 꾸러미의 변화가 없어 보여도 내부적으로는 활발한 교체가 일어나고 있다는 말이다.

동적 평형은 간단히 말해 눈으로 보기엔 멈춰 있지만, 다시 말해 평형에 도달한 듯 보이지만 내부는 정신없이 변화하고 있는 상태다. 예를 들어 마개가 닫힌 유리병에서 증발과 액화*가 끊임없이 일어나고 있는데도 물 높이가 일정하게 유지되는 건, 증발되는 속도와 액화되는 속도가 같기 때문이다. 즉 유리병 속에서 동적 평형이 이루어진 것이다.

꿀벌 사회의 유전자는 여왕이라는 매개체를 통해 다음 세대로 전해진다. 여왕들이 새로운 왕국을 세울 때 손에 쥐

+
액화 : 더운 여름날, 시원한 아메리카노 잔 위에 맺힌 물방울들을 본 적 있다면 당신은 액화 현상을 목격한 것이다. 액화란 기체 분자가 차가운 물체의 표면에서 액체로 상변화(phase change)하는 현상이다. 모든 물질은 고체, 액체, 기체 중 하나의 상을 가지는데, 온도나 압력 등이 달라지면 다른 상이 되기도 한다. 액화는 기체 분자들 간의 인력이 강해지면서 액체의 성질을 띠는 배치로 분자들이 재배열되는 것이다.

고 간 유전자들은 새로운 왕국의 전체 유전자 집합이 된다. 유전자들은 일단 새로운 왕국에 도입되면 유전자 풀 내부에서 활발하게 이동하기 시작한다. 세대를 거치며 계속 교체되는 것이다. 왕국을 세운 초창기의 여왕벌과 일벌이 죽고 새로운 세대가 그 자리를 채우면서 유전자 전체는 일정한 주기에 따라 옷을 갈아입는다.

이런 방식으로라면 꿀벌들은 아마 그들의 유전자를 '영원히' 전달할 수 있을 것이다. 다음 세대에게, 또 다음 세대에게. 전체의 일부를 떼어 나눠 주고, 또 그 일부를 떼어 나눠 주는 꿀벌의 이런 방식은 사실 우리 몸에서 매 순간 일어나고 있는 체세포 분열의 양상과 매우 비슷하다. 체세포는 기회만 되면 몸을 두 개로 부지런히 나눈다. 필요에 따라서는 평소보다 훨씬 빠른 속도로 말이다. 이때 체세포는 새로 생길 두 개의 딸세포가 동일한 유전 정보를 받을 수 있도록, 분열에 앞서서 유전 정보 전체를 한번 복사해 둔다. 이런 식으로 두 딸세포는 분열 전의 체세포와 유전적으로 완전히 동일한 클론이 된다.

앞서 던진 '하나의 꿀벌 사회에서 가장 작은 단위는 무엇일까?' 질문으로 다시 돌아가 볼까. 체세포 분열이든, 꿀벌의 세대교체이든 이것들은 단순히 수를 늘리기 위해 일어나는 일이 아니다. 방금 전의 내가 갖고 있던 유전 정보를 유지해 '나'를 보존하기 위한 일이다. 인간의 경우, 유전 정보는 23개의 염색체 세트 위에 새겨져 개개인의 복잡한 특징을 정의하고 고유함을 부여한다. 때문에 '나'라고 말할 수 있는 가장 작은 단위는 나의 유전자다. (어쩌면 도킨스가 옳았을지도 모르겠다.)

하나의 꿀벌 군락을 하나의 몸으로 본다면, 꿀벌 한 마리 한 마리를 바삐 분열하는 체세포라고 볼 수 있지 않을까. 공교롭게도 영어에서 꿀벌 애벌레 한 마리가 자라는 방은 세포의 영어 단어이기도 한 '셀(cell)'이라고 부른다.

꿀벌 사회의 가장 작은 단위를 정의하고자 하는 초개체 생태학은 더 나아가서 '사회의 가장 작은 단위를 무엇이라 할 수 있을까?'라는 흥미로운 질문을 던진다. 여기서 생태학과 사회학의 연결을 시도한 학자들도 있다. 사회 생물학을 주장한 에드워드 윌슨이 대표적이다. 사회 생물학은 무척이나 흥미로운 분야이지만, 아직 학계의 동의를 완전히 얻은 학문은 아니다. 윌슨은 이 이론을 정립하기 위해 지금도 활발히 개미를 연구하고 있으니, 혹시 호기심이 생긴다면 그의 연구를 한번 살펴보는 것도 좋겠다.

꿀벌, 우리와 같고도 다른

꿀벌은 생태학적으로 확실한 성공을 거둔, 에이스 중에서도 에이스다. 그렇다면 우리 인간을 꿀벌과 함께 생각해 보자. 빠르게 생태계에서 경쟁 우위를 차지하면서, 자원 경쟁과 영토 경쟁에서 다른 종들을 이겨 온 종족이라는 점에선 인간도 꿀벌과 유사한 부분이 있다.

만약 벌들이 사라진다면 어떻게 될까? 인간은 당장 전통적인 방식의 농작물 재배에서 손을 떼야 할 것이다. 벌들에 의한 수분이 멈추고, 식물의 번식이 당장 불가능해질 것이기 때문이다. 이렇듯 인간은 꿀벌에게 의지해 온 반면, 꿀벌은 그 누구에게도 의지하지 않는다. 꿀벌이 꽃, 그리고 곤충들과 맺어 온 공생 관계는 다른 어떤 전제 조건보다도 안전한 자연의 균형 속에서 내내 유지되었다.

반면, 지난 몇 세기 동안 꿀벌을 포함한 다른 수많은 생물에게 피해를 끼쳤던 인간에게는 '성공한 종족'이란 명예보다는 '지구 생태계가 가장 반기지 않는 종'이라는 꼬리표가 더 어울릴 것이다. 이젠 우리가 정말 대단한 성취를 거둔 것인지 돌아봐야 한다. 체계적인 사회 구조 위에 서 있다는 인간과 꿀벌의 공통점만큼이나, 그 성공을 이뤄 온 방식의 본질적인 차이도 너무나 크다. 자연 속의 한 존재로 살아가는 일에서 인간은 언제나 지혜롭지 못했다. 우리와 같고도 다른 그들의 지혜를 조금은 배울 수 있을지, 『경이로운 꿀벌의 세계』는 우리에게 과제를 하나 던져 주는 듯하다.

봄에도 새가 울지 않는 세상이 온다면

『침묵의 봄』 레이첼 카슨 | 에코리브르 | 2011

『침묵의 봄』이 이야기해 주는 것들

화학 약품이 끼치는 전 지구적 악영향을 고발한 것으로 유명한 『침묵의 봄』. 이 책이 아니었다면 아마 우리는 하마터면 책이 묘사하는 위험천만한 화학 약품 사용의 실태를 알아채지 못한 채, 작가 레이첼 카슨이 경고한 '최악의 시나리오' 속에서 살아가고 있었을 것이다. 인정하자. 50년 전의 우리는 살충제를 위험 수치를 넘을 정도로 공중에 뿌려 댈 만큼 위험에 무지했다. 우리가 지금 조금이라도 더 건강한 땅 위에서 코와 입으로 산소를 들이마시며 살 수 있는 것은, 카슨의 집요한 탐구와 조사가 탄생시킨 『침묵의 봄』이 세상에 존재한 덕분이다.

『침묵의 봄』은 우리를 둘러싼 환경을 인식하고 느끼는 방식을 바꾸어 놓았다. 인간도 환경의 일부이며 우리가 저지른 잘못이 결국에는 생태계 순환을 따라 다시 우리에게로 돌아온다는, 지극히 당연하고도 명백한 진실을 많은 사람들이 이 책을 통해 처음 알게 되었다.

그해 봄에는 새가 울지 않았다는 탄식으로 책은 시작된다. 열정적인 환경 운동가이기 이전에 빼어난 문체를 소유한 작가이기도 했던 레이첼 카슨이 우리를 그녀의 고뇌 속으로 초대한다. 지금 바로 책을 열어 그녀의 단호하고도 부드러운 경고를 들어 보자.

바다를 사랑한 과학자의 꿈

카슨은 1907년 미국의 펜실베이니아주 스프링데일이라는 마을에서 태어났다. 나무 아래에서 책 읽는 걸 좋아하던 그녀의 꿈은 어쩌면 당연하게도 작가가 되는 것이었다. 문학 작품을 탐독하는 일이야말로 그녀에게 가장 익숙한 일이었다. 자연스럽게 대학에서의 전공도 영문학으로 정했다. 하지만 대학을 다니던 도중 한 동물학 교수와의 만남으로 그녀는 문학과는 전혀 다른 세계였던 생물학에 빠져들고, 전공을 생물학으로 바꾼다. 그중에서도 가장 관심을 보인 건 해양 생물학이었다. 졸업 이후 카슨은 우즈 홀 생물학 연구소에 취직해 과학자로서의 첫 단계를 밟는다.

그녀는 공부를 지속하기 위해 존스 홉킨스 대학에서 같은 분야로 석사 학위를 받았지만, 곧 현실적인 제약에 부딪혔다. 그녀를 계속해서 이끌어 줄 학계의 멘토를 찾는 것도, 학업을 이어 나갈 돈을 장만하는 것도 뜻대로 되지 않았다. 불과 50년 전이지만, 당시 여성에게는 독립적인 한 명의 과학자가 되기 위해 필요한 수순을 밟는 것조차도 쉽지 않았다. 당장 연구자가 되기 위한 과정을 계속 밟아 나갈 수는 없었다. 우선 돈을 모으기 위해, 그녀는 한 공중 보건 대학원 연구실 조수로 일하기 시작했다.

그러던 중 카슨은 우연히 지역 일간지에 글을 연재하게 된다. 그 지역에 있던 체서피크만의 자연에 관한 수필을 쓰는 일이었다. 실로 오랜만에 써 내려가는 것이었을 그녀의 글에는 그간 흡수했던 생물학 분야의 지식들이 자연스럽게 녹아 있었다. 해양학적 지식과 문학적 상상력으로 무장한 글이었다. 연재는 성공적이었고, 그녀의 첫 번째 책 『바닷바람을 맞으며』가 1941년에, 그리고『우리를 둘러싼 바다』가 1951년에 출간되었다. 정식 작가로 데뷔한 카슨은 점차 자신의 글이 얼마나 큰 파급력을 가지는지 실감했다.

그녀는 미국 어류야생동물국에서 해양 생물학자로 일하고 있었기에 당시 미국 내 과학 정책의 입안 과정을 지켜볼 수 있었다. 아마 이때의 경험으로 그녀가 미국의 화학 약품 사용 현황에 관심을 갖게 되었으리라. 이 문제에 점차 깊이 빠져든 그녀는 방대한 학술 자료와 정책 문헌 조사를 통해 DDT*를 비롯해 당시 미국에서 생산되고 있었던 거의 모든 화학 약품의 뒤를 캐기 시작했다. 그녀가 구할 수 있는 거의 모든 자료를 동원해서였다. 그렇게 해서 그녀가 밝혀낸 화학 약품의 문제는 생각보다 심각했다.

✛
DDT : '다이클로로다이페닐트라이클로로에테인'이 진짜 이름, 약자가 DDT다. 곤충의 신경 세포 세포막에 있는 나트륨 이동 통로를 막아 신경 세포에 손상을 가한다. 역사상 가장 강력하고 효과적인 살충제였다. 1955년 국제건강기구(WHO)가 전 세계적인 말라리아 추방 계획에 DDT를 적극 사용했을 정도(실제로 사망률이 10만 명 중 192명에서 7명으로까지 줄었다). 그러나『침묵의 봄』출간으로 인간의 몸에 미치는 DDT의 극심한 유해성이 대두되면서 1970년대에 들어와서는 대부분의 국가에서 DDT를 살충제, 농약등으로 사용하는 것이 금지됐다. 하지만 현재도 몇몇 국가에서는 말라리아와 티푸스 방지 목적으로 사용되고 있다.

더불어 그녀만이 그 심각한 문제를 알아챘다는 사실도 분명해 보였다. 1963년, 그녀는 망설이지 않고 화학 약품이 자연 환경에 미치는 영구적인 상흔을 낱낱이 밝혀낸 『침묵의 봄』을 출간하게 된다.

진실을 밝힌 책, 『침묵의 봄』

무분별한 화학 약품의 사용은 분명 많은 문제를 일으킨다. 동식물의 몸에 축적된 화학 약품은 먹이 사슬이나 지하수, 시냇물 등을 통해 순환되어 결국 생태계 전체에 퍼져 나간다. 그것을 고스란히 전달받는 것은 최종 소비자 위치에 있게 된 우리 인간이다. 그러나 카슨이 느끼기에 그보다 더 심각한 문제는 이러한 상황에 대해 사람들이 너무나도 무지하다는 것이었다.

"

자연에 닥친 위험을 인식하는 사람은 극소수이다. 전문가의 시대라고 하지만 각자 자신의 분야에서만 위험을 인식할 뿐, 그 문제들이 모두 적용되는 훨씬 더 광범위한 상황은 인식하지 못하거나 무시한다.

───────────────────────── 『침묵의 봄』 37쪽 99

놀랍게도 카슨이 이렇게 우리의 문제점을 밝혀낸 후에야, 사람들은 인간의 활동이 생태계에 어떤 영향을 미치고 있는지 깨닫기 시작했다. 『침묵의 봄』은 인간을 생태의 일부로 인식하는 관점, 즉 생태학적 관점을 담은 첫 번째 책이었다. 이 책의 출간 이후 사람들은 처음으로 인간이 밭에 심는 것이 무엇인지, 공장에서 만들어 내는 것이 무엇인지, 인간이 어떻게 자연 환경을 변화시키고 있으며, 몇 년 사이에 어떤 동물과 식물이 자취를 감췄는지 생각해 보게 됐다. 무엇보다도 사람들은 자연에도 버틸 수 있는 한계가 있다는 사실을 깨닫게 되었다.

강렬한 책이었다. 책을 읽은 모두가 큰 충격에 빠졌다. 대부분의 사람들은 마음의 올곧음을 따라 정직하게 반응했다. 시민들은 환경 보호 운동을 시작했고, 생태학적 관점을 다룬 다른 책들이 속속 출간되었다. 그러나 모두가 카슨의 메시지에 정직하게 응답한 것은 아니었다. 카슨이 위험을 지적한 화학 약품 중 하나는 살충제였는데, 이 사업으로 이익을 보던 집단들이 있었다. 곤충학자들이 대표적이었는데,

살충제를 이용한 방제 방식의 부작용을 알고 있음에도 불구하고 거대한 살충제 수요가 가져다줄 경제적 이득에 눈이 멀어 버린 이들이었다. 카슨은 책을 쓰며 돈에 눈이 먼 이익 집단들, 그리고 무지에서 비롯된 무조건적인 항의와도 싸워야 했다. 책 바깥의 현실과도 맞서야 했던 것이다.

책에서 재미있는 부분 하나를 소개하고 싶다. 카슨이 에드워드 니플링이라는, 당시에도 그렇게 유명하지 않던 한 과학자의 연구 내용을 소개하는 대목이다. 그는 수컷 해충을 불임화시켜 해충의 마릿수를 줄이는 방법을 알아낸 사람이었다. 화학 약품을 들이붓는 방제보다 생태계를 교란시키지 않는, 생태계 속 해충의 위치를 흔들지 않는 이 방법이 환경에 더 이롭다는 점에서 니플링 박사와 카슨의 생각은 일치했다. 이 방법은 생태계를 파괴하지 않고도 해충을 줄이는 효과가 오래 지속될 수 있도록 한다. 『침묵의 봄』은 어떻게 보면 이러한 예시들과 함께 환경에 영향을 주지 않고서 지속적으로 생태계가 유지될 수 있도록 하는 것, 즉 지속가능성 개념을 처음 제안한 책일지도 모른다.

또한, 이 책은 당시 미국 정부의 허점도 낱낱이 고발하고 있다. 책에 따르면 미국 정부가 방제 사업에 8년간 37만 5000달러를 쏟아붓는 동안 생물학적 연구 조사를 위해 제공한 금액은 겨우 6000달러에 지나지 않았다고 한다.

생태계에 미칠 영향에 대해 검토를 하는 일이 그들의 우선순위에서 얼마나 멀어져 있었는지를 알 수 있는 대목이다. 이렇듯 『침묵의 봄』은 생태학적 관점과는 거리가 먼 일들이 공공연히 자행되던 불과 60여 년 전의 근시안적인 사회상을 고스란히 담고 있다.

인간이 좀 더 겸손해질 수 있다면

카슨은 한마디로 이렇게 지적한다. '지구상에 존재했던, 그리고 존재하고 있는 모든 생물종 중에서 자신이 살고 있는 환경을 변형시킨 종족은 인간뿐이다.' 그녀는 『침묵의 봄』을 통해 인간의 편협함이 무엇인지 그대로 보여 준다.

또한 그녀는 토양 생태계에서 지렁이가 얼마나 중요한 존재인지, 미국 서부 초원에 살고 있는 뇌조와 산양, 물사슴이 어떠한 방식으로 서로에게 의존하는지 설명하면서 이 주제에 대해 거의 무지했던 대중들을 어떻게든 소생시키려 애썼다.

대중을 위해 쓴 책이지만 솔직히 말하면 『침묵의 봄』은 쉽지만은 않은 책이다. 페이지를 넘길 때마다 새로운 분자 이름이 나타나고, 친절하게(!) 분자 구조식까지 그려져 있는 곳도 많다. 어떤 장은 한 주제(토양 오염, DDT의 체내 축적 등)에 대한 구체적인 예시들이 계속 등장해 잠깐 숨을 돌리고 읽어야 한다.

독자에게 이처럼 다소 어려운 과제를 주면서까지 그녀가 간절하게 추구했던 변화는 우리가 우리 자신을 생태계의 일부로 인식하기 시작하는 것, 그리고 우리의 행동이 생태계에 어떤 영향을 주는지에 눈뜨는 것이었다. 이러한 그녀의 바람에 화답하듯 『침묵의 봄』 출간 이후, 인간과 자연의 관계를 연구하는 학문 분야들이 여럿 생겨났고, 과학계와 정부에게 책임을 묻는 시민 환경 운동도 처음으로 시작됐다.

레이첼 카슨이 인용한 네덜란드의 과학자 브리에르 박사의 말을 이곳에 다시 옮기면서 이 책의 탐험을 마치면 어떨까. 책을 읽으며 그녀의 말에 담긴 진정성을 느낄 수 있다면 여러분은 인간이 추구해야 할 겸손에 한 발 더 가까이 다가간 것임에 틀림없다.

"

우리의 목적은 폭력적인 힘을 사용하는 것이 아니라 가능한
한 주의 깊게 자연의 순리를 따르는 올바른 방향을 향하는 것
이다. … 더욱 숭고한 목표와 깊은 통찰력이 필요해졌겠지만,
많은 연구자들에게서는 이런 점을 발견할 수 없다. 생명이란
인간의 이해를 넘어서는 기적이기에 이에 대항해 싸움을 벌일
때조차 경외감을 잃어서는 안 된다. … 지금 우리에게 필요한
것은 겸손이다. 과학적 자만심이 자리 잡을 여지는 어디에도
없다.

『침묵의 봄』304쪽 "

163

랩 걸(lab girl)의 길에 들어서다

나의 첫 실험실 생활은 면역학 실험실에서였다. 실험실 입구에 들어서면, 빼곡히 들어찬 선반과 신기한 물건들이 무질서하게 놓여 있는 실험대가 방문자를 반긴다. 대학 내의 그 어떤 장소보다도 많은 물건들이 높은 밀도로 모여 있는 곳일 테다.

이 많은 물건들 중에서 일단 '액체'만 살펴보아도 여러분은 놀라게 될지 모른다. 액체라고 다 같은 액체가 아님을 알게 될 테니까 말이다. 상온에 보관해야 하는 액체, 얼려 두어야 하는 액체, 가루 상태로 보관하다가 녹여 사용하는 용액, 겨울이면 용질이 침전되지 않게 매번 흔들어 주어야 하는 액체 등 어찌나 종류가 다양한지. 실험실에 간 첫날부터 이들 각각이 어디에 놓여 있고 어떻게 보관해야 하는지 외우느라 혹독한 입학식을 치렀다. 액체뿐인가. 여기에 세포나 박테리아를 키우는 고체 배지(배지란 식물이나 세균, 배양 세포 따위를 기르는 데 필요한 영양소가 들어 있는 것), 박테리아를 키우는 액체 배지까지 합세하면 뇌 용량은 포화 상태에 이르게 된다.

무엇이 어디에 있는지 알게 되면, 그다음은 실험을 배운다. 여기에서는 실험에 앞서 무엇이 필요한지를 연구자 스스로가 생각하고, 그것을 직접 만들어 쓴다는 점이 중요하다. 연구자는 요리사처럼 실험에 쓰일 용액들의 '레시피'들을 외우고 있다. 이들이 모두 알맞은 농도, 양, 온도로 준비되어 있었던 학부생 수업과는 사뭇 다르다.

실험실에서의 시간은 이상하리만치 빨리 간다. 분명 오전 열 시가 채 되기 전에 출근했는데, 어느새 점심까지 먹은 오후가 되어 있다. 그러다 보면 신기한 경험도 하게 된다. 실험실에서 하는 모든 일들에 대한, '몸의 기억'이 생겨나는 것이다. 어느새 그 모든 과정을 몸이 이해하는 경험이라고 할까. 대학원생이 몇 달이나 걸리는 실험을 홀로 해낼 수 있는 건 시간이 쌓여 만들어진 몸의 기억 덕분일 것이다.

이런 몸의 기억이 만들어지는 과정이 즐거웠다. 연구자, 혹은 과학자의 습관이 들숨과 날숨처럼 익숙해지는 과정이 너무나 좋았다. 혹시 대학원생의 삶을 지나치게 미화한 걸까? 잘 모르니 재미있어 보이는 것이냐며 누군가는 면박을 줄지도 모르지만, 그 재미와 맞바꿀 수 있는 가치를 아직까지 발견하지 못했다.

그리고 실험실 생활이 주는 또 하나의 즐거움은 자유로운 토론을 할 수 있다는 것이었다. 연구실에 있는 대학원생 선배들은 자신의 주제가 아니더라도, 실험 결과로 나온 데이터를 보고 누군가가 머리를 갸우뚱하고 있으면 그곳으로 몰려가 저마다 한마디씩 의견을 던지곤 했다. 그러면 어느새 그 한 사람의 고민은 실험실 사람들 모두의 고민이 되었다. 이렇게 비밀(?)이란 없는 세계에서 모두가 조금씩 배움을 얻어 가는 것 같았다. 이런 토론은 연구실 실험대 앞에서도, 교수님과 함께하는 연구실 미팅에서도 계속됐다. 나 역시 그들의 토론을 엿들으며 몇 가지 지식을 쌓았다. 그 열띤 토론이 한 새내기 연구 참여생의 은밀한 행복이었다는 걸 그분들은 알고 있을까.

기초 과학 분야에 뛰어드는 사람들이 결코 많지 않은 실정이다. 그럼에도 불구하고 아직 누군가가 여전히 연구실 문을 두드리고 논문을 찾아 읽는 건, 스스로 그곳에서 재미를 발견했기 때문일 것이다. 그 재미는 우리 몸의 면역 체계를 연구하는 것이거나, 단백질의 구조를 알아내는 것, 혹은 식물의 뿌리를 살펴보는 것일 수도 있다. 그리고 이외의 그 어떤 것들도 과학 하는 사람들의 재미가 될 수 있다. 재미의 대상이 무엇이든 간에 그것을 찾는 데 거의 무한한 자유가 있다는 건 정말 기분 좋은 사실이다. 과학자는 거의 모든 것을 궁금해할 수 있다.

chapter 5

물리학, 시대를 풍미하다

볼츠만의 원자

부분과 전체

창백한 푸른 점

물리학은 과학에서 가장 다양한 주제를 넘나드는 학문일 것이다. 물리학은 기체를 다루기도 하고, 빛이나 시공간을 다루기도 한다. 그런가 하면 우주의 시작과 팽창, 세계를 지배하는 불확정성 원리, 원자 내부의 보이지 않는 에너지 준위까지 파고든다. 이토록 많은 분야를 다루는 학문을 물리학 하나로 부를 수 있다는 것이 신기할 정도다. 이곳에서 우리는 물리학자들을 자주 마주칠 것이다. 이들의 업적은 언뜻 보면 서로 관련 없어 보여도, 분명한 연결 고리를 지녔다. 어느새 물리학자들이 다 모였는지 떠들썩한 소리가 들린다. 그들의 이야기를 들으러 가 볼까.

혼란에 빠진 19세기의 물리학

'보이지 않는 것'을 수학적으로, 또는 물리적으로 표현할 수 있을까? 너무 작거나 혹은 아주 멀리 있어서 눈으로 볼 수 없는 대상의 운동과 움직임 같은 것 말이다. 이 물음에 답하기 전에, 먼저 물리학자들이 어떤 이들인지 생각해보자. 물리학자는 모든 것을 숫자의 세계로 데려오고자 한다. 이들의 머리를 거치면 모든 것은 수학으로 표현되어 바깥 세상으로 나온다. 사물의 움직임, 혹은 (좀 더 물리학자답게 말하면) 운동을 '수학적으로' 기술하는 것이 이들의 작업이다. 경험할 수 있는 모든 종류의 운동은 속도와 방향* 두 요소로 분해할 수 있고, 수식**으로 기술할 수 있다. 그러나 눈에 보이는 운동이 전부가 아니라는 걸 물리학자들은 아직 몰랐다.

그런데 19세기에 들어서면서 물리학자들은 처음으로 '보이지 않는 운동'이라는 난국에 부딪혔다. 말이나 소에게 바퀴를 끌게 하는 대신 뜨겁게 데운 기체로 피스톤을 밀어 내고 기관차를 움직이는 증기 기관의 시대, 산업 혁명이 찾아온 것이다. 유럽에서 일어난 산업 혁명은 사람들이 '열(heat)'에 눈을 뜨게 해 주었다. 열 현상, 혹은 열에 의한 운동은 기본적으로 날아가는 공이나 정해진 궤도를 따라 도는

+

속도와 방향 : 아이작 뉴턴이 고안한 운동 표현 양식. 그가 '고전 물리학의 아버지'라는 칭호를 얻은 것은 아마 이 때문일 것이다. 그는 이 방식으로 행성의 공전 주기를 계산하기도 했다. 참고로 그 당시는 아직 망원경도 제대로 만들어지지 않은 시대였다!

++

수식 : 어떠한 계산의 방법과 규칙을 문자나 기호를 써서 표현하거나 여러 가지 물리량의 수학적 관계를 적은 것이다. 반드시 숫자로만 이루어져 있는 것은 아니다. 수학과 전공 서적을 펼치면 가끔은 숫자가 하나도 등장하지 않는 외계어 같은 수식을 만나 볼 수 있다.

행성의 운동과는 달랐다. 그 궤적을 눈으로 좇을 수 있는 이전의 운동들과는 달리, 물리학적으로 어떻게 기술해야 할지 알 수 없었다. 대체 데워진 기체 속에서 무슨 일이 일어나기에 말 몇 필이 끄는 힘을 낼 수 있는 것일까? 물리학자들은 심각한 고민에 빠졌다.

이즈음, 유독 기체에 푹 빠져 있던 한 과학자가 있었다. 더 정확히는 기체의 팽창과 수축을 기체 속의 '원자'의 움직임으로 설명하기 위해 바쁜 시간을 보내고 있었다. 그 과학자는 오스트리아의 물리학자, 루트비히 볼츠만이었다. 볼츠만은 물리학자들이 마주한 새로운 난제를 본 순간, 자신이 그 문제를 풀 열쇠를 쥐고 있다는 사실을 알아차렸다. 『볼츠만의 원자』의 긴 이야기는 바로 여기서 시작된다.

사실 물리학자도 번뜩이는 직관, 수학자로서의 투철함, 약간의 우유부단함 외에는 그다지 특별할 것 없는 사람들이다. 자신이 만든 이론을 인정받으려고 틈날 때마다 동료들을 설득하고 때로는 싸우기까지 하는 것이 바로 이들의 '일상 풍경'이다. 『볼츠만의 원자』는 주인공 볼츠만의 인생을 중심으로 그의 주변 물리학자들이 보내는 소란스러운 일상을 낱낱이 공개한다.

여러분은 책을 읽고 나면 이들이 두려워했던 것이 무

엇인지, 무엇을 사이에 두고 대립했는지, 어떤 것을 포기하지 못했는지를 이해할 수 있을 것이다. 그렇지만 이 평범한 일상사 속에서도 물리학자들은 번뜩이는 사실들을 발견해 냈다는 것에 놀라게 될 것이다. 물리학자들의 일상은 혼란스러운 만큼 더 흥미롭다. 볼츠만이 되어 19세기 물리학의 세계로 떠나 보자.

보이지 않는 증거

앗, 하마터면 '원자론'에 대한 설명을 빠트릴 뻔했다! 모든 물질은 원자라는 아주 작은 단위로 이루어져 있다는 것이 원자론, 혹은 원자 가설이다. 여기서 원자란 원자핵이 중심에 있고 주변의 공간을 전자가 채우는(정확히 말하자면, 전자가 특정 위치에 존재할 확률만 알 수 있다), 눈에 보이지 않는 작디작은 입자다. 생명체 내부에서 가장 자주 볼 수 있는 원자인 산소 원자, 탄소 원자, 그리고 질소 원자는 지금도 나무의 광합성, 땅속 박테리아의 물질대사, 그리고 동물들의 호흡을 통해 온 지구를 순환하고 있다.

데모크리토스라는 이름의 고대 과학자가 처음으로 주

장한 원자론은 그 당시만 해도 현재 우리가 상대성 이론을 낯설어하는 것만큼이나 생소한 개념이었다. 하지만 이후 루크레티우스와 워터스톤 등 여러 과학자들을 거쳐 점차 이론에서 사실로 굳어졌다.

볼츠만은 이러한 원자론에 의거해 기체 원자들의 움직임으로 열 현상을 설명하고자 했다. 그 설명에 대한 볼츠만 자신의 확신만큼 분명한 사실은 원자는 눈에 보이지 않는 존재라는 것이었다. 하지만 당시 기성 과학자들은 눈으로 직접 볼 수 있거나 측정할 수 있는 것이 아니면, 즉 실험을 통해 검증할 수 있는 사실이 아니면 그 어떤 것도 과학적 이론의 토대가 될 수 없다고 굳게 믿고 있었다.

그러나 원자의 존재는 그런 방법으로 검증할 수 없었다. 만질 수도 없고, 길이를 잴 수도 없고, 충돌 실험을 통해 직접 운동량과 속도를 측정할 수도 없었다. 과학자들은 눈으로 볼 수 없고, 그래서 실험적인 검증을 할 수도 없는 이 작은 입자를 가지고 새로운 물리 현상을 설명하는 일에 냉담한 반응을 보였다. 한마디로 기체의 특성을 원자의 개념으로 설명하는 것은 당시의 '정상 과학'이 아니었다. 다음 대목을 보면 당시 상황을 보다 잘 이해할 수 있다.

그렇지만 화학자들은 (그럴 필요성을 느끼지 않았기 때문에) 원자들이 어떻게 생겼고, 어떻게 행동하고, 어떻게 뭉치거나 흩어지는가에 대해서 관심을 갖지 않았다. 화학자들에게는 원자들이 빈 공간을 날아다니는 작고 단단한 것이거나, 아니면 상자에 채워진 오렌지처럼 크고 말랑말랑한 것인가는 크게 문제가 되지 않았다. … 원자는 특히 그렇게 생각하고 싶어 하는 사람들에게는 멋진 개념이었지만, 그런 개념이 꼭 필요하다거나 필수적이라는 증거는 없었다.

『볼츠만의 원자』 28~29쪽 "

오래 걸리지 않아 볼츠만은 그 방법을 찾아냈다. 원자의 움직임이 뉴턴의 운동 법칙을 따른다고 가정하는 것이다. 원자는 책상 위에 놓인 구슬이나 경기장 위를 이리저리 굴러다니는 축구공과 다를 것 없이 속력을 가지고 움직이며, 서로 충돌하고 튕겨 나간다는 것이다. 이 가설은 여러 가지 열 현상을 깔끔하게 설명하여 학계의 동의를 얻기 시

+
정상 과학 : 토머스 쿤의 『과학혁명의 구조』에서 제시된 개념으로, '기존의 과학' 또는 '현재 사람들이 받아들이는 과학'을 가리킨다.

작했다. 이는 당시 과학자들에게 너무나도 혁신적인 생각이었다. 이 사실을 인정하는 과정에서 과학자들이 느꼈을 충격은 마치 침팬지의 유전자가 인간의 것과 99.9%나 일치한다는 사실을 처음 들었을 때와 비슷했을 것이다. 혹은 지금의 우리가 '초끈 이론*'에 대해 느끼는 이질감과 거의 맞먹을 것이다.

어찌되었든 과학자들은 이제 보이지 않는 '원자'라는 존재로 열 현상을 설명해도 된다는 것에 합의하게 되었다. 깐깐한 과학자들의 합의를 얻은 후에야 볼츠만의 생각은 다음 단계로 진입할 수 있었다. 눈에 보이지 않는 증거를 믿으라고 요구하는 듯한 그의 주장은 언뜻 대책 없어 보이기도 했지만, 그가 직접 고안한 적절한 가정이 더해져 설득력을 얻을 수 있었던 것이다.

그의 다음 행보는 더욱더 놀랍다. 자신이 세운 가정을

+
초끈 이론 : 우주를 구성하는 최소 단위가 끈 모양의 입자라고 보는 이론이다. 이 끈들은 끊임없이 진동하고 있으며, 11차원(!)에 존재한다. 그러나 과학 철학자 칼 포퍼의 말을 빌리면 '반박이 불가능'하기 때문에(아직 누구도 초끈 이론에서 말하는 '여분의 차원'을 관측할 방법을 모른다) 초끈 이론을 과학 이론이라 할 수 없다는 비판도 거세다.

보강하기 위해 새로운 수학을 물리학에 접목시킨 것이다. 그전까지는 누구도 시도하지 않은 일이었다.

통계학, 물리학과 만나다

볼츠만은 사상 최초로 통계학을 물리에 접목한 사람이다. 정확히 말하면 제임스 맥스웰이 정립해 놓은 '기체 원자의 확률적 분포' 이론에서 가져온 통계학이었다. 이전까지만 해도 물리학에서 사용하는 수학은 엄격한 미적분을 기본으로 했다. 지금의 물리학은 어떤가? 미적분 말고도 다양한 수학을 사용한다. 만약 지금까지도 미적분만으로 물리를 했다면 우리의 지식은 미적분 수학을 사용해서 풀 수 있는 뉴턴의 운동 법칙 정도의 수준에 멈춰 있을 것이다.

"

원자들은 뉴턴의 법칙에 따라 움직이고, 그런 움직임 속에 기체의 성질에 대한 진정한 이해가 담겨 있었다. 그러나 원자들의 구조를 분석하는 일은 도저히 불가능했기 때문에 볼츠만은 확률과 통계를 앞세움으로서 문제 전체를 전혀 새로운 방향에서 보기 시작했다. 그는 주어진 시간의 속도 분포로 표현되는

원자 운동의 집합인 기체의 상태 자체가 중요한 이론적 개념
이라고 여겼다. 이제 그는 역학에서 많이 쓰던 미분 방정식이
아니라, 확률에 의존해서 그런 상태에 대한 새로운 수학적 해
석을 만들어 냈던 것이다.

─────────────────────── 『볼츠만의 원자』 124쪽 **"**

통계학은 '원자는 무작위적으로 움직인다'는 볼츠만의
가정을 표현하기 위해 반드시 필요한 수학적 도구였다. 그
토록 많은 수의 원자들이 제각각 움직이고 있는 상태는, 원
자 하나하나의 움직임을 나타내는 데 쓰인 뉴턴의 운동 법
칙으로는 풀 수 없는 수수께끼였다. 볼츠만이 채택한 맥스
웰의 통계적인 접근은 바로 그런 맹점을 해결할 수 있었다.
원자들의 제각기 다른 속도를 '분포'로 나타내기도 하고, 그
분포는 확률적으로 존재한다는 생각은 전체를 보려 했던 볼
츠만의 관점과 잘 맞아떨어졌다.

통계학을 이용해 어떤 대상의 상태를 표현하는 것은
물리학에서 이제 더 이상 낯선 일이 아니다. 예를 들면 원
자 속 전자의 위치를 '확률'로 나타낸 오비탈 이론*은 실은
확률 수학의 산물이다. 또 '상자 속에 고양이가 존재할 수도
있고, 존재하지 않을 수도 있다**'는 말장난 같은 문장이 양

자 역학의 한 가설로 버젓이 인정받는 것도, 따지고 보면 확률 개념이 그 가정을 뒷받침하고 있기 때문이다. 볼츠만은 물리학 이론에 통계학 혹은 확률이 끼어들 입구를 마련해 준 셈이다.

✚

오비탈 이론 : 전자는 원자핵이 자신을 끌어당기는 인력 때문에 원자핵 주변 어딘가에 존재는 하지만, 정확히 어디에 있는 것인지 알 수 없다는 이론이다. 대신 전자가 어떤 위치에 존재할 '확률'을 알아낼 수는 있는데, 공간에 따라 달라지는 그 확률을 3차원 공간에 표시한 것을 오비탈 그림이라 부른다. 결국 실재가 아니라 '실재할 확률'밖에 알 수 없다는 것이 어떻게 보면 허무하기까지 한, 지금까지의 현대 물리학 이론이 낸 결론인 셈이다.

✚✚

슈뢰딩거의 고양이 : 양자 역학이 물리학에 도입한 불확정성을 비판하기 위해 슈뢰딩거가 고안한 사고 실험. 고양이가 상자 속에 갇혀 있다. 이 상자에는 방사성 핵이 들어 있는 기계와 독가스가 든 통이 연결되어 있다. 실험을 시작할 때 한 시간 안에 핵이 붕괴할 확률을 50%가 되도록 조정한다. 만약 핵이 붕괴하면 독가스가 방출되어 고양이가 죽는다. 한 시간이 지난 뒤 상자 속 고양이의 상태에 대해서 우리는 과연 무엇을 알 수 있을까? 양자 역학은 '고양이가 50%의 확률로 죽었을 수도 있고 살았을 수도 있다'고 답할 것이다. 그런데 삶과 죽음의 중첩 상태에 있는 고양이라는 게 존재할 수나 있는가? 미시 세계의 원자를 이렇게 설명하는 양자 역학의 설명은 거시 세계의 고양이에게는 적용될 수 없다. 물리학자들의 머릿속에 존재할 수 있을지는 몰라도.

이 가설, 최선인가?

볼츠만은 물리학의 또 다른 새로운 패러다임, '이론 물리학'의 시대를 열기도 했다. 이론 물리학에서는 명백한 사실이나 관찰 내용을 동원하지 않은 발견, 즉 물리학자의 머릿속에서만 존재하는 생각이나 개념도 물리 지식의 범주에 둔다. 20세기에 활동한 파인만과 아인슈타인 등 대부분의 물리학자들은 이론 물리학자들이다. 물론 수많은 기성 물리학자들이 불편함을 내비쳤다. 원자론과 확률론을 소리 높여 주장한 볼츠만은 하필 이 비판의 1순위 타깃이 되어 버렸다. 볼츠만이 평생 동안 가장 두려워했던 존재인 에른스트 마흐와의 악연도 여기서 시작된다.

물리학자에서 철학자로 변모한 독특한 이력을 지닌 에른스트 마흐는 모든 과학에 적용되는 보편적인 철학을 정립하고자 했다. '과학적 발견은 이렇게 이루어져야 한다'는 어떠한 원칙을 세우고자 했던 그의 방침은 간단했다. 원자론을 받아들이기 이전의 물리학자들이 그랬던 것처럼, 뉴턴의 법칙에 따라 물체의 운동을 기술하는 것에 충실했던 파의자들이 그랬던 것처럼, 과학은 언제나 '관찰 가능한 사실'을 근거로 해야 한다는 것이다. 이런 그의 기준에서 볼 때 볼츠만의 주장은 어떤 느낌이었을까.

맥스웰이나 볼츠만이 원자의 운동을 효과적인 확률 분포 방정식으로 나타냈다 해도 그 실체는 관측할 수 없었다. 사실 볼츠만은 수학적으로 옳은 표현 방식을 찾는 작업에 몰두했기에 애초에 마흐의 의문에 공감하는 것마저 어려워했다. 사실 마흐가 제기한 문제는 과학자와 논의할 만한 것이라기보다는 철학적인 질문에 가까웠다. 과학자에서 철학자로 변모한 마흐는 원자라는 대상 자체에 대한 궁금증보다는, 원자론이라는 관점이 과연 좋은 과학적 가설인지에 대한 고민에 매달렸다. 그의 무게 중심은 어떠한 사실을 알아내는 일보다는 그것을 알아내는 방법이 적절한가에 더 기울어 있었던 것이다.

동일한 대상을 두고 볼츠만처럼 실질적인 고민에 빠진 사람도, '과연 눈에 보이지 않는 것으로 모든 현상을 설명해도 될까?'라는 당위적 고민에 빠진 사람도 있었다는 사실은 흥미롭다. 마흐는 끝까지 볼츠만의 물리학에 비판적인 입장을 고수했다. 마흐가 한편으로는 고지식한 철학자 같아 보여도, 그의 고집 덕분에 과학계에서는 '과학은 어느 수준까지의 가설을 허용할 수 있는가?'라는 중요한 논의가 시작되었다고 볼 수 있을 것이다. 그렇다면 마흐의 관점을 잠깐 빌려 현대 물리학을 바라볼까.

> "
> 20세기의 물리학자들은 여러 가지 소립자의 존재를 예측하고
> 난 후에야 실험으로 그 존재를 확인했고, 오늘날에는 영원히
> 그 존재를 직접적으로 확인할 수 없는 초끈을 비롯한 여러 가
> 지 존재를 주장하고 있다. 오늘날에도 초끈과 같은 가상적인
> 존재를 도입하는 비용이 그런 가설로 얻을 수 있는 혜택에 버
> 금가는 것인가에 대한 심각한 의문이 남아 있다.
>
> ──────────────── 『볼츠만의 원자』 178~179쪽 "

182

우주 공간의 차원을 '초끈'으로 설명하는 개념인 초끈
이론 등 현대 물리학자들은 끊임없이 자신들이 창조한 가상
의 모델을 도입하고 있다. 수학자들이 얻어 낸 '실험 결과'
라는 것도 대부분 그들의 머릿속에서 이루어지는 계산이나
수학적인 사고 과정으로서 존재하는 것이다. 마흐는 이 가
상의 모델들이 과연 실제 세계를 얼마나 반영하고 있을지,
혹시 실재와 동떨어진 채 '무작위로 움직이는 원자' 등 어떠
한 가상의 개념만을 제시하는 네 급급한 건 아닌지, 물리학
자들이 '설명을 위한 설명'을 만들어 내고 있는 건 아닌지
의심하고 또 의심했다. 그의 지적은 오늘날 현대 물리학에

적용해 보아도 의미 있는 지점이 많다.

과학과 철학은 엄격히 구분되어야 할까? 과학과 철학은 서로 전혀 상관없는 영역일까? 다윈의 진화론은 우연이라는 요소에 전적으로 기대고 있다고 비판한 베르그송, 원자론 모델로 모든 기체 현상을 설명하는 것은 직접 눈으로 확인할 수 없는 대상에 너무나 많은 가정을 덧씌운 것이라고 비판한 에른스트 마흐. 이들은 모두 나름의 기준에서 과학을 비판한 철학자들이었다. 이들 철학자들의 주장은 비록 과학적인 정교함을 띠지 않을지는 몰라도 과학자들이 보지 못한 근본적인 결함을 짚어 주었다. 양자 역학은 사실 미시 세계와 거시 세계에 동일한 법칙을 적용할 수 없다는 결함을 내포하는 학문이다. 슈뢰딩거가 상자 속 고양이 사고 실험에서 비판했듯이 말이다. 물론 인간이 시각적으로 수용할 수 있는 정보에 한계가 있기 때문일지도 모른다.

『볼츠만의 원자』는 특별하다. 원자론을 둘러싸고 저마다의 이론을 만든 과학자들뿐만 아니라, 그들에게 계속해서 질문을 던진 철학자들도 등장한다. 전문 분야가 물리학이든 철학이든, 이 책에 등장하는 인물들은 모두 자신이 알아낸 사실이 진리에 가깝다는 것을 증명하기 위해 고군분투한다.

그중에서도 몇몇 과학자들이 과감하게 도입한 새로운

개념이나 철학자들의 비판은 지금까지도 많은 과학자들의 사유에 지대한 영향을 미친다. 저마다의 진리에 다다르기 위해 각자의 일상에 충실했던 지식인들의 삶을 들여다보고 있노라면 무언가 숭고한 감정이 느껴진다. 책 속 인물들의 일상은 그렇게 거대했다.

처음 만나는 물리학자의 자서전

물리학자들이 우리에게 남기고 간 사실들은 하나같이 만만치가 않아서 이해하기 참으로 어려울 때가 많다. 아인슈타인의 상대성 이론은 시간과 공간을 새로운 관점으로 보기를 요구하며, 양자 역학은 모든 사건과 인과 관계는 단지 확률의 산물일 뿐이라며 우리를 혼란스럽게 만들곤 하니까. 하지만 이 사람들이 있어 우리는 세상을 더 정확하게 이해하게 됐다.

이런 대범한 이론들은 도대체 어떻게 세상에 나온 것인지 궁금하지 않은가? 이런 궁금증에 시달리는 여러분에게 추천하고 싶은 책이 『부분과 전체』다. 물리학적 사실들이 발견되고 이론이 되어 갈 때까지, 당대의 물리학자들 사이에 오갔던 대화와 토론, 논쟁 과정이 고스란히 담겨 있다. 우리는 물리학자들의 생생한 대화 속에서 그때 그 시대를 살아가던 이들의 삶과 생각을 읽어 볼 수 있다. 특히 그 시대를 살았던 물리학자가 직접 쓴 것이기에 더욱 반갑다.

이론 물리학의 탄생

이 책의 작가 베르너 하이젠베르크는 불확정성 원리를 발견, 정립하고 양자 역학*의 발전에 큰 공로를 세운 독일의 물리학자다. 아인슈타인과 닐스 보어 다음 세대에 활동했으며, 동시대에 활동한 물리학자로는 오토 한 등의 인물

✚
양자 역학 : 물리학자들조차 '양자 역학이 어렵지 않다면 제대로 이해한 것이 아니다'라는 농담을 주고받는다. 그 정도로 양자 역학은 참으로 쉽지 않은 물리학 분야다. 그러한 가장 큰 이유는 양자 역학이 이야기하는 사실들이 우리의 상식, 뉴턴 역학이 적용되는 거시적인 세계의 법칙과 부합하지 않기 때문일 것이다. '양자 세계', 즉 아주 미세한 미시 세계에서는 심지어 아인슈타인의 상대성 이론과도 들어맞지 않는 사실들이 종종 발견된다.

이 있다. 아인슈타인이나 플랑크처럼 하이젠베르크는 오직 수식과 계산, 그리고 사고 실험으로만 생각을 전개하며 자신의 이론을 완성시켜 나간 '이론 물리학자'다. 이론 물리학자라는 사실은 그에게 아주 중요한 정체성이었다.

기존의 물리학은 지금의 생명과학이나 화학이 주로 그렇듯이 실험을 매우 중요하게 여겼다. 말인즉슨, 실험을 통해 확인된 사실만 물리학적 사실로 받아들였다는 것. 그런데 아이러니하게도 전기, 자기, 빛, 원자 내부의 구조 등 근대에 접어들어 새롭게 발견되는 현상들은 하나같이 눈으로는 확인할 수 없는 것들이었다. 예를 들자면 빛을 이루는 입자나 원자의 내부 모습을 들여다볼 수 있는 이는 아무도 없었다. 때문에 이 현상들을 기술할 새로운 물리학이 필요해진 것이다.

그렇게 등장한 것이 이론 물리학이었다. 필요에 의해 만들어진 학문이었던 셈이다. 실험으로 확인할 수 없는 자연 현상들을 다루기 위해, 이미 알고 있는 사실들을 이용해 가설을 세우고 그 가설을 수학적 방법으로 전개하는 이론 물리학은 물리학의 새로운 주축이 되었다. 앞서 살펴본 기체의 상태 변화를 원자의 집단적인 움직임으로 설명한 루트비히 볼츠만과 양자 역학의 가장 중요한 근간인 '플랑크의 양자 가설'을 제안한 막스 플랑크가 대표적인 이론 물리학자다. 막스 플랑크는 빛 에너지가 불연속적인 값을 가진다는 가설을 세워 흑체 복사 현상을 설명했다.

하이젠베르크의 첫 번째 스승이었던 조머펠트는 하이젠베르크를 본격적으로 원자 이론 분야로 이끈 사람이다. 하이젠베르크는 조머펠트의 소개로 자신보다 먼저 이론 물리학을 전공하기로 마음먹고 있었던 또 한 명의 명석한 두뇌의 소유자, 볼프강 파울리를 만나게 된다. 사실 그때까지도 순수 수학과 이론 물리학 사이에서 갈등하던 하이젠베르크는 파울리와의 교류를 통해 이론 물리학을 전공하겠다는 마음을 굳히게 된다. 이론 물리학에 대해 파울리가 한 말을 들어 볼까.

> **"**─────────────────────────
>
> 모든 물리학이 실험 결과에 기초한다는 건 기정사실이야. 하지만 일단 실험 결과들이 주어지면 물리학은, 어쨌든 오늘날의 물리학은 대부분의 실험 물리학자들에게는 너무 어려운 것이 되어 버려. 이것은 오늘날의 물리학이 실험 물리학적 기술과 일상의 개념으로는 더 이상 적절히 서술할 수가 없는 자연의 영역으로 들어갔기 때문일 거야. 그래서 우리는 추상적인 수학의 언어에 의존해야 하지. … 나는 추상적인 수학 언어가

쉬운 사람이고, 이 장점을 활용해 물리학에서 뭔가를 할 수 있기를 바라.

─────────────── 『부분과 전체』 46~47쪽 **99**

한편, 국경 너머 덴마크에서 닐스 보어가 새로운 원자 모형을 발견했다는 소식이 들려오고 있었다. 영국의 물리학자 러더퍼드의 원자 모형에 전자의 에너지가 양자화 되어 있다는 플랑크의 새로운 생각을 도입한 결과였다. 원자의 구조를 밝혀내는 과학 분야에서 이전과는 완전히 다른 시대가 시작되고 있었다. 새 시대를 이끌어 갈 이들은 새로운 연장을 손에 든 이론 물리학자들이었다.

슈뢰딩거와 하이젠베르크의 대결

『부분과 전체』는 하이젠베르크의 일생 동안 일어났던 수많은 사건들을 독특하게도 과학자들 사이의 '대화'라는 장치를 써서 풀어 간다. 양자 역학은 물리학자들의 대화 속에서 시작되고 발달해 갔다. 서로 다른 근거를 지지하는 물리학자들 사이에서 합의를 이끌어 내려면 대화는 불가피했다. 대화는 가끔 치열한 결투로 번지기도 했다. 슈뢰딩거와 보어의 토론은 바로 그런 예였다. 슈뢰딩거와 보어의 토론을 듣기 전에 잠시 파동 역학을 짚고 넘어가 보자.

'파동-입자 이중성'은 어떤 한 물질이 한편으로는 명백한 파동의 성질을 갖지만 또 다른 한편에서는 입자의 성질을 갖는 물질의 이중적인 성질을 말한다. 처음으로 이 파동-입자 이중성을 발견한 것은 빛에서였다. 그런데 이 성질이 빛뿐만 아니라 원자 속의 전자에서도 발견되기 시작했다. 원자 속 전자의 움직임이 바로 하이젠베르크의 최대 관심사가 아니었던가. 그런데 이때 물리학자 에르윈 슈뢰딩거가 등장해, 하이젠베르크와 그의 스승 보어를 잔뜩 긴장시키는 사건이 일어난다.

슈뢰딩거가 전자의 파동-입자 이중성을 그 유명한 '파동 방정식'을 세워 증명해 보인 것이다. 다만 슈뢰딩거는 기본적으로 모든 물질을 파동으로 보길 원했다. 그래서인지 그는 지금까지도 파동 역학의 창시자라 불린다. 문제는 하이젠베르크는 플랑크의 계보를 이은 사람으로, 불연속성이나 양자 도약 등 '입자'의 성질에 가까운 근거를 지지한다는 사실이었다.

반면 슈뢰딩거의 파동 역학은 수학적 형식만 다르게

하여 하이젠베르크를 비롯한 입자를 지지하는 과학자들이 증명하지 못하고 있던 전자의 성질을 거뜬히 설명해 내고 있었다. 위기감을 느낀 하이젠베르크는 슈뢰딩거의 뮌헨 세미나에 일찌감치 참석해 그의 가설로는 도저히 플랑크의 복사 법칙을 설명할 수 없다며 반론을 제기했다. 하지만 아무도 그의 논지에 주목하지 않는 등 안타까운 일이 벌어질 뿐이었다.

풀이 죽은 하이젠베르크는 곧바로 닐스 보어에게 SOS를 보낸다. 보어는 이 편지를 받고 당장 슈뢰딩거에게 '파동 역학에 관해 좀 더 자세히 논의해 보자'는 점잖은 제안을 건넸다. 그러나 막상 시작된 토론의 분위기는 결코 점잖다고 할 수 없었다.

"

보어와 슈뢰딩거 사이의 토론은 코펜하겐 역에서부터 이미 시작되었고 매일 이른 아침부터 밤늦게까지 계속되었다. … 평소 사람들을 대할 때 늘 사려 깊고 친절한 보어도 이때는 거의 무슨 광신자처럼 대화 파트너에게 한 걸음도 양보하거나 조금의 불명확함도 허락하려 하지 않았다. 이 양측의 토론이 얼마나 정열적으로 진행되었는지, 보어와 슈뢰딩거 모두 얼마나 깊은 확신을 가지고 자신의 견해를 펼쳤는지 이 자리에서 재현하는 것은 불가능하리라.

———————————— 『부분과 전체』126쪽 99

둘의 토론은 결국 양쪽이 합의하지 못한 채로 끝났다. 어찌나 치열한 토론이었던지 슈뢰딩거는 그만 병이 나서 보어의 집에 몇 주 동안이나 신세를 져야 했다. 그러나 이 모든 과정을 조용히 지켜보고 있던 하이젠베르크는 놀랍게도 자신만의 새로운 합의점에 다다르고 있었다.

관찰의 '틀'을 깨다

어쩌면 머릿속의 '이론'은 아직 눈으로 확인하지 못한 현상들을 사실이라고 먼저 결정해 버리는 것인지도 몰랐다. 원자 속 전자의 움직임을 정확히 알기 위해서는 관찰자가 만들어 낸 원자 내부 환경에 대한 이미지와 원자 속에 실제로 존재하고 있는 것, 즉 실재를 명확히 구분해야 했다. 그렇게 된다면 파동이기도, 동시에 입자이기도 한 전자에 대한 가장 정확한 설명을 얻을 수 있을 것이었다.

원자 속에서 실제로 어떤 일이 벌어지고 있는지 밝혀

내는 것은 당대 모든 물리학자들이 추구하는 목표였다. 그러나 정작 하이젠베르크를 포함한 여러 명의 과학자들이 고안한 몇몇 전자 궤도 모델들은 원자 속에서 벌어지는 일들을 정확히 포착한 것이라기보다는, 한 번 가공을 거친 이미지에 가까운 것인지도 몰랐다. 사진보다는 재현에 가까운 것이었다.

하이젠베르크의 '안개상자' 가설도 마찬가지였을 것이다. 안개상자는 전자의 전하가 안개를 물방울로 응축시켜 전자의 이동 경로, 또는 궤적을 볼 수 있도록 한 장치였다. 그러나 안개상자 속에서 나타난 전자 궤적은 하이젠베르크와 슈뢰딩거 중 어느 누구의 이론과도 일치하지 않았다. 따라서 하이젠베르크는 되묻게 되었다. 사람들이 관찰한 것이 정말로 전자의 궤적인지, 혹은 전자의 궤적이라고 믿는 이미지인지. 전자의 전하에 의해 만들어진 물방울의 배열을 실제 전자 궤도일 것이라 너무 쉽게 믿어 버린 것은 아닌지 말이다.

따라서 그는 질문을 수정하기로 한다. 그래야만 했다. 관찰의 틀이 바뀌어 버렸으니 말이다. 전자의 위치와 속도를 가장 잘 반영한 질문은, 아이러니하게도 다음과 같이 전자의 가장 불확실한 상태를 상정한 질문이 될 것이었다.

"

우리는 늘 안개상자 속에서 전자궤도를 관찰할 수 있다고 쉽게 말했었다. 그러나 진짜로 우리가 관찰하는 것은 전자궤도가 아닐 것이다. 전자가 놓여 있는 불확정적인 위치에 대한 불연속적인 결과만 지각할 수 있는 건지도 몰랐다. … 따라서 올바른 질문은 다음과 같아야 할 것이다. 양자 역학에서 한 전자가 대략적으로-즉 어느 정도 부정확하게-주어진 위치에 놓여 있는 동시에, 대략적으로-즉 어느 정도 부정확하게-주어진 속도를 갖는 상황을 묘사할 수 있을까?

──────────────── 『부분과 전체』 133쪽 "

그리고 바로 여기에서 슈뢰딩거의 수학적 묘사와 자신의 가설을 연결시킴으로서 하이젠베르크는 '불확정성 원리'를 얻게 된다. 그의 말을 빌려 볼까?

"

그로써 내게는 안개상자에서 관찰할 수 있는 것과 양자 역학의 수학이 드디어 연결된 것으로 보였다.

──────────────── 『부분과 전체』 133쪽 "

하이젠베르크가 이렇게 해서 알아낸 것은 원자 속에 실재하는 것과 가장 가까운 설명이었다. 전자는 '위치와 속도를 특정할 수 없는' 상태로, 확률적으로 존재하고 있다는 것. 다르게 말하면 우리가 전자의 상태에 관해 알 수 있는 유일한 사실은 그 '불확정성'뿐이다. 물질을 구성하는 가장 작은 단위의 움직임은 결코 거시적인 기준으로 볼 수 없다는 것, 그것이 양자 역학이 내린 결론이었다. 이 불확정성 원리는 수많은 과학자들을 혼란에 빠트렸다.

변화의 물결

그 유명한 알베르트 아인슈타인이 이 혼란스러움을 극복하지 못했다는 사실은 놀랍다. '일반 상대성 이론'을 발표하며 한때 유럽과 미국을 통틀어 그 어떤 물리학자보다도 급진적인 주장을 발표하던 아이슈타인 역시도 끝내 양자 역학의 대전제인 불확정성 원리를 받아들이지는 못했던 것이다. 불확정성 원리의 도입은 그만큼 쉽게 익숙해질 수 없는 변화의 물결이었다.

아인슈타인은 불확정성 원리를 반박하는 사고 실험을 끊임없이 제안했지만 그 어떤 것도 반박에 성공하지 못했다. 그의 절친한 친구였던 물리학자 파울 에렌페스트는 아인슈타인에게 그가 예전에 상대성 이론을 반박하던 사람들처럼 불확정성 원리를 받아들이지 못하고 있다며 부끄럽다고 말했다고 한다.

한편, 닐스 보어도 하이젠베르크와의 논의를 통해 '상보성 원리'를 완성시켰다. 같은 사건을 두 개의 서로 다른 관찰 방식으로 파악할 수 있다는 상보성 원리는 모든 물질이 입자와 파동의 성질을 동시에 지닌다는 '파동-입자 이중성'을 인정하기 위한 최적의 도구임이 분명했다. 이처럼 물리학자들이 불확정성 원리에 다 함께 동의하기로 하면서 얻은 사실 중 하나는 참으로 아이러니하게도 서로 모순되는 두 관점을 모두 동원해야지만 현상을 바르게 볼 수 있다는 것이었다.

학회장에서, 대학 건물의 복도에서, 그리고 때아닌 산책길에서 하이젠베르크가 동료 물리학자들과 나눈 대화들은 그 자체만으로 양자 역학이 완성되어 가는 과정을 보여준다. 과학자들은 며칠 동안 논쟁으로 밤을 새면서까지 미시 세계의 비밀을 밝혀내려고 애썼다. 그렇게 하니 전혀 통하지 않을 것 같던 두 이론이 서로 합쳐지기도 하고, 물리학자들은 스스로의 가정을 검토하면서 비로소 정확한 질문을 던질 수 있게 되었다. 그렇게 얻은 결과가 또다시 새로운 발견을 낳았다.

철학자가 되고 싶은 과학자

『부분과 전체』를 읽다 보면 알게 되겠지만, 물리학자들의 대화는 꽤 자주 철학적인 논쟁으로 흘러갔다. 과학자의 도구를 사용하고, 과학자처럼 토론하지만 본모습은 영락없는 철학자 같은 이들이 있었다. 이들의 이런 성향은 이 시기의 유럽에서는 흔한 모습이었다. 하이젠베르크는 바로 그런 사람 중 하나였다.

예컨대 하이젠베르크에게 '이해하지 못했다'는 말과 '이해했는지 잘 모르겠다'는 말은 달랐다. 상대성 이론을 이해했냐는 파울리의 질문에 그는 동문서답을 한다. '내가 원하는 이해의 정도가 무엇인지 모르겠다'고 한 것이다. 파울리가 생각하는 이해와 하이젠베르크가 그리는 이해의 모습은 다음과 같이 확연히 달랐다.

" ───────────────────

"하지만 수학 구조를 안다면 주어진 모든 실험에서 정지해 있는 관찰자와 움직이는 관찰자가 지각하고 측정할 수 있는 것을 계산해 낼 수 있잖아. 그리고 실제 실험에서도 계산에서 예측한 것과 똑같은 결과가 나오리라고 확신할 수 있고. 그 이상 뭘 원해?"

"내가 그 이상 무엇을 원해야 할지 모르겠다는 것, 그것이 바로 나의 어려움이야. ⋯ 나는 '시간'이 무엇인지 알고 있다고 믿어. 물리학을 배우지 않았어도 말이야. 우리는 늘 이런 순진한 시간 관념을 전제로 행동하고 생각하지. ⋯ 그런데 우리가 이제 이런 시간 관념을 변화시켜야 한다고 주장한다면, 우리의 언어와 사고가 우리가 이 세상에서 방향을 잡기에 쓸모 있는 도구들인지 더 이상 알 수 없게 되어 버려."

―――――――――――――― 『부분과 전체』 54~55쪽 ❞

우리에게 가장 기본적인 시간 관념을 변화시키면, 언어와 사고마저 불확실한 것이 되어 버린다. 기존의 시간 관념이 붕괴되면 우리가 붙들고 있을 수 있는 체계는 아무것도 없을지도 모른다. 상대성 이론을 이해한다는 것은 그것이 불러올 끝없는 불확실성까지도 포용한다는 것이었다. 또한 어떤 것들이 불확실성을 가질지도 하나하나 알고 있다는 뜻이다. 하이젠베르크에게 이런 불확실함은 이해와는 합치될 수 없는 것, 감히 이해했다고 이야기할 수 없는 것이었다.

하이젠베르크의 고민에는 상대성 이론이 인간의 생각에 본질적으로 어떤 영향을 미칠지, 또 불확정성이라는 개념이 기존 사고 체계를 얼마나 크게 흔들어 놓을 것인지에 대한, 그리고 이러한 완전히 새로운 개념들을 받아들이는 것이 얼마나 커다란 일인지에 대한 검토가 기본적으로 깔려 있었다. 하이젠베르크처럼 철학을 짝사랑한 이 시절의 물리학자들에게 이론의 의미에 대한 고찰은 이론의 과학적 타당성을 증명하는 것만큼이나 중요한 일이었다. 아인슈타인은 이렇게 이야기했다.

> **"**
> 실험을 통한 검증은 한 이론의 정당성을 알려 주는 당연한 전제 조건이에요. 하지만 결코 모든 것을 검증할 수는 없어요.
> ———————————————— 『부분과 전체』 119쪽 **"**

실험이 검증할 수 없는 것에 대한 답은 어쩌면 과학자가 사랑했던, 철학이 들려줄 수 있는 것이 아닐까.

양자 역학을 향한 탐구는 신대륙을 향한 항해와 같았다. 이 새로운 과학이 불러온 변화는 과거에 상대성 이론으로 물리학계를 뒤엎은 아인슈타인을 한순간에 말 안 통하는 기성 과학자, 외톨이로 만들어 버릴 정도로 거대하고 강력했다. 새로운 시각을 받아들이지 못한 과학자는 양자 역학의 바다에 뛰어들 수조차 없었다. 양자 역학은 얼어붙은 사고의 바다를 깨는, 물리학자들이 감행한 도전이었다.

그 도전자 중 한 명인 하이젠베르크의 자서전 『부분과 전체』는 한 물리학자가 과학이 던진 도전에 어떻게 응했는지, 어떻게 그가 양자 역학이라는 사상적 계보의 한 '부분'을 담당할 수 있었는지를 보여 준다. 이 책은 한순간도 긴장의 끈을 놓을 수 없는 대화록이자 실감 나는 무용담 투성이이다. 너무 겁내지는 말자. 사려 깊은 안내자 하이젠베르크가 그의 친구들부터 찬찬히 소개해 줄 테니까.

『창백한 푸른 점』 칼 세이건 | 사이언스북스 | 2001

별들의 최후를 지켜보는 방법

아주 오래전, 우리가 아는 거의 모든 존재가 아직 우주의 먼지에 불과했을 때를 볼 방법이 있을까? 아예 없는 것은 아니다. 날이 맑은 날, 밤하늘을 올려다보자. 밤하늘에 보이는 천체들이 내뿜는 빛은 실은 몇백만 년 전에 일어난 별들의 최후에 방출된 에너지가 빛이라는 흔적으로 남은 것이다. 밤하늘은 우주의 과거가 보이는 창이었던 것이다.

천문학자는 매일 밤하늘을 올려다보는 과학자이다. 그들이 연구하는 대상은 보통의 시공간 개념으로는 떠올리기도 힘든 것들이 대부분이다. 눈에 보이지 않는, 지금도 지구를 엄청나게 빠른 속도로 통과하는 입자인 '중성 미자', 존재한다는 것을 간접적으로 유추할 수는 있지만 전자기파를 비롯한 다른 수단으로는 전혀 관측할 수 없는 '암흑 물질' 같은 것이 그들의 연구 대상이다.

천문학자들은 우리가 모르는 행성들의 움직임을 계산하고, 우주 공간 어딘가에서 방출되는 신호를 듣는다. 그들이 감당해야 하는 시간의 범위는 '천문학적'으로 크다. 그 범위의 끝단에는 빅뱅(Big Bang)과 은하계의 충돌 및 소멸이 있다. 과거의 행성들이 스러진 마지막 순간들을 쫓아 우주의 나이를 추정하는 천문학자들은 필연적으로 우주 공간의 거대함을 정면으로 마주해야 한다. 현재라는 시간에 발붙이는 것이 이들에게는 가장 어려운 일일지도 모른다. 어쩌면 이들은 이 행성 위에서 가장 외로운 과학자들이다.

애석하게도 지구에서 가장 똑똑한 사람도, 가장 부자인 사람도, 가장 명망 있는 천문학자도 간절히 원한다고 해서 쉽게 우주 공간에 가 볼 수는 없다. 하지만 우리에겐 안내자가 있다. 가 볼 수 없는 우주로 우리를 데려다줄 안내자 말이다. 1980년대의 어느 날, 브라운관에 등장한 이 낯선 남자는 이곳에서 소개할 『창백한 푸른 점』의 작가이자 텔레비전 방영 역사상 과학 대중화에 가장 크게 기여한 다큐멘터리 〈코스모스〉의 주인장인 천문학자 칼 세이건이다.

소년, 우주에 말 걸다

칼 세이건은 평생에 걸쳐 인간의 이성과 우주, 탐험 따위와 관련된 책들을 부지런히 펴냈다. 그의 책들에는 공통적으로 단호함과 합리적인 인간 이성의 수호자 같은 면이 두드러져 있다. 그러나 그는 유독 이 책 『창백한 푸른 점』에서만큼은 조금은 느슨하다. 『코스모스』를 통해 인간의 지적 탐험과 연구의 역사를, 『악령이 출몰하는 세상』에서 사이비 과학에 쉽게 현혹되는 이들을 향한 경고와 염려를, 그리고 『에덴의 용』을 통해 날카롭고 냉철하게 인간 지성의 역사를 다룬 그가 이 책에서는 대체 어떤 모습을 보여 준 걸까.

여기서 잠시 그의 이력을 살펴보자. 1960년대와 1970년대는 우주에 대한 사람들의 호기심이 극에 달한 시대였다. 제2의 대항해 시대*였다고나 할까. 칼 세이건은 당시 우주 과학 분야에서도 가장 대담했던 두 프로젝트, SETI(Search for Extra-Terrestrial Intelligence) 계획과 보이저(voyager) 발사 계획의 수장을 맡고 있었다.

SETI 계획은 우주로부터 오는 전파 속에서 외계인, 아니 외계 지적 생명체의 존재를 발견해 보려는 탐사 프로젝트였다. 칼 세이건이 집필한 소설『컨택트』에서는 외계인이 등장한다. 소설은 실제 SETI 계획에서 사용한 전파 수신 장비인 멕시코의 VLA(Very Large Array) 전파 망원경 시설이 배경이다. 주인공은 지구보다 발달한 문명이 있는 베가 행성으로부터 방출되고 있던 강한 신호를 찾아낸다. 그 신호는 다름 아닌 베가 행성의 외계인들이 보내 준, 자신들의 행성으로 올 수 있는 이동 장치의 설계도였다. 칼 세이건이 SETI 계획을 열며 꿈꾸었던 바가 소설에 나타나 있는 걸까.

목성, 토성, 천왕성, 그리고 해왕성이 일렬로 늘어선 1977년 어느 날 밤, 한 비행선이 우주 공간으로 쏘아 올려졌다. 또 다른 그의 프로젝트, 보이저 발사 계획이었다. 보이저 호는 인간을 대신해 우주 탐사 임무를 맡고 있다. 이 우주선

✛
대항해 시대 : 유럽인들이 항해술을 발전시켜 세계 일주와 다양한 지리학적 발견이 벌어진 시대. 이 시기에 북아메리카와 남아메리카를 향한 항로와 아프리카 대륙의 희망봉을 돌아 인도와 동남아시아, 동북아시아로 가는 항로를 발견하는 등 다양한 항로를 만들어 나갔다. 크리스토퍼 콜럼버스, 바스코 다 가마, 페르디난드 마젤란 등 이름만 들으면 알 법한 탐험가들이 세계 일주 항해를 하면서 15세기 말부터 16세기 초반에 전성기를 맞았다.

은 지금까지 우주 공간으로 내보내진 비행선 중 가장 긴 기간 동안 태양계를 탐사하고 있다. 보이저 호가 알아낸 사실들을 보면 경이감이 든다. 탐사를 통해 목성 표면의 복잡한 구름과 폭풍, 토성의 고리 속 덩어리들이 발견되었으며, 천왕성에는 불안정한 자기장이 매초 방출된다는 것과 해왕성에도 오로라가 수놓아지고 있다는 사실까지 알 수 있게 됐다. 지금 이 순간에도 보이저 1호와 이후에 발사된 보이저 2호는 태양계 바깥에서 성간 물질(별과 별 사이의 공간에 떠 있는 물질)을 연구 중이다. 아직까지 보이저 2호를 제외하고는 천왕성과 해왕성을 방문한 탐사선은 없다. 그만큼 보이저 1·2호는 우리의 태양계 이해에 상당한 역할을 한 셈이다. 지금으로부터 50년도 더 전에 이런 대범한 탐사 계획이 존재했다는 것이 놀랍기만 하다.

그러나 냉정히 평가하자면 책에서 외계 지적 생명체에 관해 들떠 이야기하는 칼 세이건의 몇몇 문장은 분명 과학과 SF소설 사이의 경계를 아슬하게 외줄 타기 하는 느낌을 준다. 설령 그렇다 해도 좀처럼 보기 힘든 그의 의외의 모습에 좀 더 집중해 보자. SETI와 보이저 계획을 통해 우주 어딘가에 존재할 외계 문명, 또 아직 발견되지 않은 행성에 대해 이야기하는 칼 세이건은 어린 소년처럼 순수하고 진지하다. 상당히 비공식적이고 은밀한, 그의 천진한 모습은 책을 읽을수록 더 선명해진다. 독자들은 SETI와 보이저 계획에 관한 이야기가 끝나고 오래지 않아, 그가 준비한 몇 가지 재미있는(그러나 만만치 않은) 질문들을 만나게 된다.

인간은 얼마나 먼 우주까지 나갈 수 있을까? 인간 같은 지적 생명체가 저 바깥에 존재할까? 만약 존재한다면, 우리는 그들과 소통할 수 있을까? 소통은 어떻게 할까? 우리 외에 다른 문명의 존재에 대해 단 한 번도 생각한 적 없는 이라도 짐짓 심각한 고민에 빠지게 하는 이 질문들은, 결국 '과연 우리는 우주에 혼자일까'라는 질문으로 귀결된다. 그는 이런 질문들을 통해 '우리'의 정의를 확장해 나간다. 지구 위 '나'가 우주 속의 '나'가 되도록. 우주에 우리 혼자가 아니라고 말하는 것이다.

지구는 특별하지 않다

칼 세이건은 재미있는 사실을 하나 알려 준다. 바로 우리 지구가 전혀 특별하지 않다는 것. 달리 말하면 우리가 살고 있는 이 행성은 지극히 평범한 곳이라는 사실이다. 인간은 오래도록 지구가 우리 인간을 위해 모든 것이 완벽하게 구비된 행성이며, 유일한 삶의 터전이라고 믿었다. 어떻게 보면 그렇게 맘 편히 믿고 싶은 것이었는지도 모른다. 일종의 특권 의식 같은 건 아니었을까. '우주 공간과 만물의 물리 법칙은 어쩜 인간이 살아남기에 이리도 적합할까? 우주는 아무래도 우리 인간을 위해 존재하나 보다' 같은 특권 의식. 지금부터 칼 세이건의 말을 들으면 그 환상이 와장창 깨지게 될 테니 준비하길 바란다.

일단 태양부터가 특별한 존재가 아니다. 우리가 그토록 각별하게 생각하는 태양은 그저 수많은 다른 '태양'들이 중력에 의해 뭉쳐 만들어진 '은하수'란 모임에 속한 하나의 별에 지나지 않는다. 더욱 놀라운 사실은 바깥에는 우리은하(태양계가 속한 은하)를 이루는 별들보다도 더 많은 수의 은하들이 존재한다는 것이다. 따라서 지구는 우주의 수많은 은하 중 하나에서, 또 그 안의 수많은 태양들 중 하나의 주위를 도는 아주 작은 점일 뿐이다.

칼 세이건이 이야기한 대로 지구의 존재는 확률적으로 전혀 특별할 것이 없는 걸까. 『창백한 푸른 점』에서 칼 세이건은 계속해서 독자의 반론을 유도한다. 그러고는 곧바로, 조금은 냉혹하게 그 반론을 깨부순다. 그렇게 해서 지구가 조금은 특별할 거라는 독자의 희망을 몇 번이고 좌절시킨다. 그러나 마지막으로 한 번만 더 반론한다면, 우리 지구에 적용되는 물리 법칙의 특별함을 주장해 보겠다. 지구의 움직임, 운동, 궤도에 혹시 특별한 점이 있지 않을까. 우리 지구에만 적용되는 유일한 물리 법칙이 존재하지 않을까.

뉴턴의 고전 물리학은 지구의 공간 속도만이 만드는 특별한 좌표계⁺가 있다고 가정한다. 그러나 자연계의 법칙은 본디 관측자의 속도나 그가 속한 좌표계와는 상관없이 모든 공간에 동일하게 적용돼야 한다. 지구에만 적용되는 좌표계 따위는 애초에 존재할 수 없다. 지구의 물리 법칙이 뭔가 특별하다는 생각은 뉴턴의 고전 역학이 초래하는 심각한 착각이다. 뉴턴 물리학의 가정이 이처럼 지구 중심적이라고 처음으로 지적한 사례가 아인슈타인의 특수 상대성 이

⁺
관성 좌표계 : 물체의 자연 운동을 등속 직선 운동으로 정의하고, 절대 공간에 대해 등속 직선 운동하는 모든 좌표계를 뜻한다. 즉, 관성 좌표계는 뉴턴의 운동 제1법칙이 적용되는 모든 공간을 나타낸다. 이를 '절대 공간'이라고도 부른다. 그러나 뉴턴 물리학은 자연을 기술하는 수많은 방식 중 하나일 뿐이기에, 관성 좌표계도 절대적인 것이 아니다. 특수 상대성 이론은 이 관성 좌표계가 만드는 절대 공간을 부정하여 좀 더 큰 범주에서 시간과 공간, 힘을 이해해 볼 수 있는 체계다.

론이었다. '상대성' 개념은 물리 법칙에서 인간이 가진 주관적인 고정 관념을 넘어서면서 도달한 결론이었다.

이제 인간이 조금이라도 이 우주의 유일한 행운아가 아닐지에 대한 기대는 적어도 칼 세이건과 대화할 때는 조용히 접어 두는 것이 좋겠다. 우주는 결코 인간을 위해 만들어지지 않았다는 그의 생각은 아주 단단해 보이니까 말이다. 그의 반론들 속에 담긴 주장들을 천천히 음미하며 지구의 평범함과 우주의 특별함에 대해 곱씹어 보자. 유쾌한 경험이 될 것이라 장담한다.

'접촉'을 부르는 탐험

인간은 정말이지 못 말리는 존재다. 깊은 바다를 조사하기 위해 잠수함을 만들었고, 하늘을 날고 싶어서 비행기를 만들었다. 미지의 세계를 향한 탐험에 뛰어들고 싶은 본능이 많은 발명을 이끌어 냈다. 그런 의미에서 칼 세이건이 말하는 이야기들은 인간이 얼마나 호기심 넘치는 존재인지를 보여 주는 예시이기도 하다. 인간의 탐험이 우리 스스로를 얼마나 넓혀 갈 수 있는지도.

우리는 우주에 혼자일까? 우리 말고 다른 누군가가 또 있을까? 이 질문들은 그 자체로 흥미롭다. 당장 답하지 못하더라도 품고 있는 것만으로도 의미 있다. 이 질문을 서랍 속에 넣어 버리면, 우리가 다른 문명이라는 너무나도 흥미로운 존재를 만날 혹시 모를 기회를 놓칠 수도 있다. 칼 세이건이 던지는 이 질문들은 어쩌면 말도 안 되게 오랜 시간이 흐른 후에, 상상도 못 할 방법으로 답할 수 있는 것일지도 모른다.

인간은 질문을 통해 스스로를 끊임없이 확장시켰다. 그 질문들은 우리에게 다시 묻는다. '어떻게 나와 다른 너를 이해할 수 있을까.' 인간은 고립이 두렵고, 접촉을 갈망한다는 사실을 극복하기 위해 수많은 질문들을 만들어 내면서 스스로를 확장하고, 그렇게 우리를 둘러싼 세계와의 접촉 면적을 넓혀 온 게 아닐까.

질문과 탐험을 반복하면서 우리가 알아낸 사실들은 세상의 극히 일부에 지나지 않는다. 그럼에도 과학자들이 하던 일을 손에서 놓을 수 없는 이유는 뭘까. 그건 아주 작은 비밀일지라도 그것이 가치 있다는 믿음이다. 또한 이들이 세상 전체를 설명하는 건 어렵다는 것을 아는 겸허함을 이미 지녔기 때문이다. 어쩌면 세상의 전부를 모른다는 것은 엄청난 행운일지도 모른다. 우리는 세계에 대해 알면 알수록 겸허해진다. 밤하늘을 보고 많은 사람들이 느끼는 막연한 두려움은 대부분 겸허와 겸손으로 이어진다.

천문학자들의 마음은 우주 저 먼 곳에 가 닿아 있다. 그곳은 지구상의 그 어느 누구도 살아서 갔다가 살아서 돌아올 수 없는 곳이고, 우주 배경 복사와 중력파, 그리고 전파라는 간접적인 흔적으로만 느낄 수 있는 곳이다. 끊임없이 세계와 접촉하길 원하는 인간이 우주에 눈을 돌린 건 필연적인 일이었을 거다.

우주 어딘가에 있을지도 모르는, 우리와 닮았을지 모르는 어떤 존재의 유무, 우주는 확장하고 있는지, 아니면 작아지고 있는 것은 아닌지에 대한 탐구, 또는 우주를 채우는 물질과 공간의 본질… 이 새로운 공간으로의 탐험이 우리에게 어떤 사실을 가르쳐 줄지 아직은 누구도 확언할 수 없다. 그러나 분명한 것은 이 탐험은 이제 막 시작됐다는 것이다. 또 하나 확실한 건 우주는 우리에게 숨겨 놓은 것이 아직 많다는 사실이다. 별들의 과거뿐만이 아닌 다른 것까지.

과학을 사랑하는 사람들의 그룹 채링

👤 빌 브라이슨, 리처드 파인만, 바바라 매클린톡, 쥘 베른,
메리 셸리 님이 입장하셨습니다.

빌 브라이슨 :

> 자자, 주목해 주세요. 오늘은 특별하게도 과학자와 소설가가
> 한자리에 모였습니다. 저는 『거의 모든 것의 역사』를 쓴
> 빌 브라이슨입니다. 오늘 이곳에선 과학자와 소설가가
> 서로의 발견, 아이디어, 품고 있는 궁리들로 자유로운 대담을
> 나눌 예정인데요. 여기 모이신 멋진 분들, 한마디씩 해 주실까요.

리처드 파인만 :

> 저부터 소개하지요. 저는 이론 물리학자 파인만입니다.

바바라 매클린톡 :

> 전 유전학자입니다. 옥수수를 연구했지요.

쥘 베른 :

> 19세기 사람은 저와 여기 셸리 씨뿐인 것 같네요.
> 저는 소설 『지구 속 여행』과 다른 많은 여행기를 썼습니다.

메리 셸리 :

처음 『프랑켄슈타인』이 출판됐을 때 사람들은 제가
그 책을 썼다고는 상상도 못 했죠. 그땐 여성 작가는커녕
공포 소설을 쓰는 작가도 별로 없었으니까요.

아이작 아시모프 :

저는 이 분들에 비하면 조금 더 최근 사람이군요.
20세기에 로봇에 관한 이야기를 쓴 아시모프라고 합니다.

리처드 파인만 :

저도 유명한 책을 생전에 몇 권 썼는데요, 그중에 하나가
표지가 빨간색인 바람에 오해를 좀 많이 받았죠.

메리 셸리 :

어머, 그러시군요.
어떤 내용일지 무척 궁금하게 만드는 색깔이네요.

빌 브라이슨 :

말씀하신 책은 아무래도 『파인만의 물리학 강의』인 것 같군요.
파인만 씨의 물리학 강의 내용이 담긴 일종의 강의록입니다.
대학교 물리 수업에서도 많이 사용되고 있어요.

쥘 베른 :

저는 표지보다도 파인만 씨가 이 책을 쓴 이유가 인상적이었습니다. 어려운 물리학 이론을 쉽게 풀어 소개하는 해설사가 되기를 자처하셨죠.

리처드 파인만 :

쉽게 풀었다고 해서 고약한 뉴턴 역학이 완전히 쉬워지지는 않겠지만, 최대한 노력해 봤습니다. 강의가 아닌 책이지만 제 말투를 그대로 살린다던지, 다른 물리학 이론서와는 내용 순서를 다르게 한다든지 해서요.

바바라 매클린톡 :

파인만 박사님은 좋은 학자이면서도 대중의 사랑도 한껏 받은 분이었죠. 재미있게 가르치는 방법이 틀림없이 있을 거라고 믿었고요. 통념을 뒤집는 것으로도 유명하셨죠.

빌 브라이슨 :

그런데 사실 과학자만 대중에게 과학을 알려 줄 수 있는 건 아닌 듯합니다. 소설가 분들이 몇 마디 해 주실 수 있을 것 같은데요.

아이작 아시모프 :

저는 『아이, 로봇』에서 제 머릿속에서 만들어 낸 원칙을 하나
소개했습니다. '로봇 공학의 3원칙'인데요. 로봇은 인간을
자신보다 우선해서 지켜야 한다는 것이 골자입니다.

빌 브라이슨 :

그런데요, 무슨 일이 일어났나요?

아이작 아시모프 :

이 원칙이 21세기에 발명된 '인공 지능'의 사고 회로 속에서
쓰이고 있더군요. 제가 이 원칙을 처음 만들 때 그랬던 것처럼,
인간을 보호하기 위해서 말입니다.

메리 셸리 :

그런데 잠깐만요. 인공 지능이 뭔가요?
인간이 만들어 낸 새로운 형태의 뇌 같은 건가요?

아이작 아시모프 :

사람의 몸 바깥에도 존재할 수 있는 뇌인 셈이죠.
인간이 다룰 수 없는 양의 정보 검색을 대신해 주는 겁니다.
일찌감치 컴퓨터와 로봇에는 초보적으로라도 이런 인공적인
지능이 탑재되어 있었죠.

빌 브라이슨 :

저도 어디선가 들은 게 있어 말씀드리자면, 중요한 건
인공 지능은 '학습'이 가능하다는 겁니다. 인간이 원하는 기능에
숙련되도록 말이죠. 의료 데이터 판독, 채팅을 하는 인공 지능
로봇은 모두 학습을 통해 그 기능을 갖추었습니다. 일단
데이터를 넣어 주고, 이후 반복적으로 그것을 다루는 법을
익히게 하는 거죠.

아이작 아시모프 :

해외 언론의 경제, 금융 분야의 기사는 이미 인공 지능이
작성하고 있다고 하죠. 글 쓰는 로봇의 탄생이군요.

쥘 베른 :

어쩌면 소설 『프랑켄슈타인』에서 인공의 생명이 창조된 바
있기 때문에 이러한 '인공의 뇌', 인공 지능을 만든다는 생각이
출발할 수 있었던 걸지도 모릅니다.

메리 셸리 :

정말 멋지군요. 소설을 조금만 덜 무섭게 쓸 걸 그랬어요.
어찌됐든 아시모프 씨의 머릿속에서 대중이 현재 생각하는
로봇의 이미지가 거의 처음으로 만들어졌다고도 볼 수 있겠네요.

빌 브라이슨 :

책 한 권의 영향이라기엔 아주 대단한 것이 아닐까요.
과학자 분들의 생각은 어떻습니까.

리처드 파인만 :

과학 소설이 등장한 시대의 사람들은 소설이 그리는 미래의
이질적인 모습에, 그리고 미래의 사람들은 그 정확한 예측에
놀랐죠. 독특한 능력을 지닌 책들입니다.

바바라 매클린톡 :

과학자들도 사실은 소설을 쓰는 사람들이죠. 자신의 발견이
아직 가설 상태일 때는요. 인류는 과학자들과 함께한 지
얼마 되지 않았어요. 그래서 과학을 소재로 대중을 매혹시키고
대중에게 과학을 친근한 것으로 만드는 이들의 역할은 아주
중요하지 않을까 싶어요.

빌 브라이슨 :

그러고 보니 매클린톡, 파인만 씨 두 분의 이야기도
궁금합니다. 두 분은 생전에 어떤 사실을 '발견'한
과학자입니다. 그 발견들이 어떤 내용이었는지 간단히
얘기해 주실 수 있나요?

메리 셸리 :

맞아요.
매클린톡 박사님이 옥수수 속에서 본 게 무엇인지 궁금해요.

바바라 매클린톡 :

제가 한 발견은 전에는 알려지지 않았던 유전자의 새로운
행동을 찾은 거였어요. 유전자는 염색체라는 기둥 위에 땅에
박힌 자갈처럼 움직이지 않고 정해진 자리에서 제 역할을
한다는 것이 그때까지만 해도 정론이었죠.

아이작 아시모프 :

그러다가 박사님이 유전자들의 바쁜 자리바꿈 현상이
복잡다단한 옥수수 무늬를 만들어 내고 있었다는 사실을
밝혀낸 것이죠.

리처드 파인만 :

생물학자들이 거시적인 세계에서 일어나는 변화를 보고
미시적인 유전자 세계, 혹은 세포 속 세계의 일들을
예측해 내는 것은 언제 봐도 대단합니다.

빌 브라이슨 :

맞아요. 저도 가장 궁금했던 것이 과학자들이 일하는
방법이었으니까요. 생물학자들이 연구에 사용하는
방법들을 몇 가지만 알려 주실 수 있나요.

바바라 매클린톡 :

글쎄요. 과학자들의 연구에 쓰이는 기술 역시 빠르게
발전하다 보니, 어느 때를 기준으로 얘기해야 할까요.
고전적인 방법으로는 단백질을 무게별로 분리해서 특정한
단백질이 이동하거나 분해된 것을 알아내는 것이 있어요.
세포 속 단백질 생산 기관인 리보솜의 위치도 이 방법으로
밝혀졌지요. DNA 염기 서열에 일어난 돌연변이 때문에
만들어지곤 하는 고약한 돌연변이 단백질들도 이 방법으로
찾아낼 수 있어요.

쥘 베른 :

흥미롭군요. 17, 18세기까지만 해도 관찰과 묘사가
생물학자들의 주된 작업이었는데 말입니다.

바바라 매클린톡 :

무척이나 힘든 방법이지만 '일일이 대조하기'도 고전 중의
고전이죠. 초기 유전학자들은 초파리에게 끊임없이 돌연변이를
일으켜 보았어요. 특정 유전자의 염기 서열 변화와 초파리의
형질상의 변화를 대응시켜 보기 위해서였죠.

메리 셸리 :

눈이 있어야 할 자리에 다리가 튀어나오거나,
날개 없는 초파리가 태어나기도 했다면서요?
무시무시한 고딕 소설 속에서나 등장할 만한 일들이네요.

바바라 매클린톡 :

그래요. 유전학자들 사이에선 '초파리 유전학자들은 일단
돌연변이부터 일으키고 본다'는 농담이 있을 정도였어요.

빌 브라이슨 :

초파리들이 희생된 건 가엾지만 그렇게 해서 유전자의
성질에 관해 많은 사실들이 밝혀진 건 부정할 수 없죠.

바바라 매클린톡 :

맞아요. 비슷한 시기에 스무 가지 아미노산에 대응되는
세 칸짜리 염기 서열 세트들을 모두 찾아낸 것도 이런
'일일이 대조하기'를 통해서였죠.

빌 브라이슨 :

이제 물리학 얘길 좀 해 볼까요.
파인만 박사님은 무엇을 발견하셨나요?

리처드 파인만 :

저는 '힘'에 대한 방정식을 하나 찾았어요.
우리가 살고 있는 세상에는 네 가지의 힘이 있지요. 약력, 깅력,
중력, 전자기력이죠. 그런데 양자 역학이라는 흥미로운 분야가
등장했는데도 이 힘들을 양자 역학적으로 표현하려는 시도는
아무도 하지 않는 겁니다.

빌 브라이슨 :

그래서요?

리처드 파인만 :

재밌어 보여서 제가 얼른 했습니다.
생각해 보니 노벨상을 받은 이유도 별거 아니네요.
제일 먼저 해서 받은 셈이니까요. 하여튼 이 네 가지 힘 중에서
전자기력을 양자 차원에서 표현해 봤어요. 양자 역학을
사용하니 빛의 입자인 광자와 전자기력 사이의 숨겨져 있던
관계가 그제야 보이는 겁니다. 바로 이 사실을 이용해서
'파인만 다이어그램'과 전자기력을 표현하는 식을 완성했습니다.

221

아이작 아시모프 :

세상에, 그 악명 높은 양자 역학은 박사님의 뛰어난 물리적
상상력을 구현하기 위한 하나의 재료에 불과했군요!

쥘 베른 :

심지어 이 중대한 발견에 대해 이야기할 때도
박사님은 늘 장난을 쳤다죠!

리처드 파인만 :

맞아요. 아무도 이해할 수 없는 내용일 거라 말해 놓고는
한바탕 재미있어 했지요. 그런데 이건 양자 역학이 필연적으로
갖는 성질, 불확정성을 다른 방식으로 풍자한 것이기도 해요.
양자 역학에서는 확실하다고 말할 수 있는 물리적 사실이 따로
없어요. 제 발견도 마찬가지이고요, 친애하는 빌 브라이슨 씨가
지금 이곳에 있다는 사실도요.

빌 브라이슨 :

아니, 그런 법이 어딨습니까? 정말인가요?

리처드 파인만 :

양자 세계에서 보면 모든 일이 확률로 표현될 수밖에 없어요.
그런데 실제 세계에서 보면 '확률적으로 존재하는 고양이'란
있을 수 없지요. 양자 역학이 밝혀냈다고 하는 사실들은
거시적인 세계에 사는 우리에게는 이런 말장난 같은
일들뿐이에요.

바바라 매클린톡 :

그래서 슈뢰딩거 씨는 상자 속 고양이를 이용한 사고 실험으로
이러한 양자 역학의 성질을 비판하기도 했었죠.

리처드 파인만 :

아무래도 슈뢰딩거 씨는 단단히 짜증이 났던 게 분명합니다.
이런 불확정성에 말입니다.

메리 셸리 :

몇 세기에 걸쳐 '확실한 지식'을 추구해 온 과학이
20세기에 들어서 마주한 것이 막상 '불확정성 원리'라니,
아이러니가 아닐 수 없군요.

빌 브라이슨 :

참 흥미롭습니다. 과학자는 어떤 것을 남기는 걸까요?
단순히 희미한 현미경 사진, 수식, 휘갈긴 낙서뿐일까요?
과학자들이 일생 동안 알아내는 작은 사실들은 언제 무엇을
계기로 중대한 발견으로 이어질지 모르는 갈림길과도 같습니다.
틀린 발견조차도요. 과학이 끊임없이 다른 분야의 학자들과
대중들을 매료시킨 이유도 이 의외성에 있는 듯합니다.
세상에, 벌써 시간이 이렇게 흘렀네요. 오늘 여러분과
함께했다는 사실만은 어떤 관점으로 보아도 확실한 물리적
사실이었으면 좋겠습니다.

chapter 6

과학, 소설에 영감을 주다

지구 속 여행

프랑켄슈타인

아이, 로봇

알고 보면 과학은 무궁무진한 이야기의 원천이다. 과학은 다양한 방식으로 소설에 스며들어 왔다. SF소설은 18세기에 처음 등장했다. 잠수함, 우주선, 열기구 등 근대 과학 기술의 산물들은 사실 모두 이 시기 SF소설에서 처음 탄생했다. 그러나 단지 미래 기술의 모습만 예측한 것은 아니었다. SF소설들은 기술에 속박된 인간, 기계에게 일자리를 빼앗긴 인간, 기계와 소통을 시도하는 인간 등 미래 과학이 불러올 인간 사회 모습 또한 그린다. 소설 속의 미래 세계 모습은 오늘날 얼마나 구현되었을까? 우리는 소설 속의 부정적인 예측을 얼마나 피해 갈 수 있을까?

옛날 옛적에 SF소설이 있었습니다

대학생이 되고 나서 처음으로 읽은 SF소설은 『제2회 한국과학문학상 수상작품집』 수록작인 「관내분실」이었다. 학교 근처 조그마한 책방에 들른 어느 날, 유난히 저 네 글자 제목이 눈에 띄었다. 책을 읽어 보고야 제목의 뜻을 알게 됐다. '관내분실'은 도서관 내부에서 분실된 책을 가리키는 말인데, 소설 속에서 주인공은 '기억 도서관'에서 엄마의 기억을 잃어버린다. 그러나 결국 마지막 부분에서 분실된 줄 알았던 엄마의 기억을 만난다. 따뜻한 결말도 좋았지만, 소설은 과학적인 부분, 빅 데이터나 뇌 가소성 같은 요소들도 조화롭게 다루고 있다. 「관내분실」은 나에게 SF소설 장르의 매력을 알려 준 작품이었다.

SF소설의 소재가 되는 것들은 다양하다. 공대는 특히나 소재가 넘친다. 도처에 로봇과 컴퓨터가 득시글하고(심지어 도서관 지하에는 커다란 슈퍼컴퓨터가 있다!) 화학과와 생명과학과 실험실에는 갖가지 약병들과 박테리아들이 가득하다. 예컨대 평화로운 실험실에서 누구도 예상치 못한 돌연변이 식물이 나타나거나, 컴퓨터 공학과 학생들이 사흘 밤낮을 바쳐 만들었던 졸업 과제가 발표 당일 아침에 치명적인 바이러스로 인해 모두 해킹 당하는 이야기 같은 건 가만히 있어도 저절로 떠올려지는 공간이다.

오늘날 우리가 접하는 SF소설들도 이러한 소재들에서 크게 벗어나지 않는다. 로봇, 컴퓨터, 실험실에서 태어난 미지의 존재들 말이다. 그러나 SF소설이라는 장르는 사실 어떻게 정의하느냐에 따라서 이미 100년, 아니 200년 전에 벌써 시작되었을지도 모른다. 먼저 100년도 더 전에 'SF소설의 아버지'라 불리는 쥘 베른이 쓴, 1864년 작 『지구 속 여행』을 만나 볼까.

'경이의 시대'에 태어난 과학 소설의 고전

쥘 베른의 활동 시기와 겹치기도 하는, 17~18세기 유럽의 풍경에는 사뭇 독특한 구석이 있었다. 개성 있는 과학적 발견들이 이 시기에 이어진 것이다. 전기의 실체가 밝혀진 것도, 새로이 등장한 자연 발생설이 생물 속생설*을 무너뜨리고 생물의 기원에 대한 생각을 바꿔 놓은 것도, 숨겨져 있던 천체들이 망원경 렌즈 너머로 발견된 것도 모두 이때였다. 이 시기의 발견자들 중에는 루이 파스퇴르나 헨리 캐번디시 같은, 이미 생전에 불후의 명성을 얻은 과학자들도 있었지만 혼자서 만든 고물 망원경을 가지고 어두운 밤하늘을 응시하던 아마추어 과학자들도 더러 있었다. 전문가와 아마추어가 한데 모여 사회 전체가 과학에 눈뜬 이 시기는 '경이의 시대'라고도 불린다.

✛
자연 발생설과 생물 속생설 : 생물은 흙이나 물 같은 무생물적 요소로부터 우연히 생긴다는 학설이 자연 발생설이다. 아리스토텔레스와 같은 고대의 철학자들이 주장해 17세기 중반까지 널리 받아들여졌다. 허나 19세기에 접어들면서 이를 부정하는 생물 속생설이 등장했다. 생물은 반드시 이미 존재하는 생물로부터만 생겨날 수 있다는 것이다. 생물 속생설을 증명한 사람이 바로 미생물학자 파스퇴르였다.

어쩌면 과학이 처음으로 대중에게 모습을 드러내고, 대중을 처음으로 매료시킨 것도 이때였을 것이다. 이 시기의 대중들은 몇 가지 유명한 이미지 혹은 장면과 관련지어 과학을 받아들였다. 이렇게 대중들 사이에서 생겨난 과학에 대한 관점은 '낭만주의 과학관'이라고도 불린다. 사람들은 우선 어딘가에서 실험에 열중해 있을 외톨이 과학 천재를 상상했다. 미지에 대한 앎, 그 자체를 위해 다른 이였다면 상상도 못 할 대가와 노력을 쏟아붓는 천재 말이다. 경이의 시대에 활동한 발견자들 대부분이 대중들에게 이러한 느낌을 주는 존재가 아니었을까. '유레카의 순간'도 사람들의 마음을 사로잡은 과학의 이미지였다. 직관을 통해 순식간에 이루어진 발명이나 발견의 순간은 신비로움 그 자체였을 것이다. 뉴턴이 사과가 떨어지는 것을 보고 그 순간 중력의 존재를 통찰해 냈다는 일화는 어쩌면 이런 유레카의 신화가 만들어 낸 것일지도 모른다.

쥘 베른의 첫 장편 소설인 『기구를 타고 5주간』은 1863년 작이다. '경이의 시대'의 유산을 충분히 누렸을 시기다. 제목에 등장한 '기구'는 우리가 알고 있는 '열기구'를 말한다. 이 소설이 쓰이기 한 세기쯤 전에 발명된 열기구는 당시의 유럽을 그야말로 발칵 뒤집었다. 용감하다고 소문난 젊은이들이 열기구 비행에 도전장을 내밀었고, 베르사유 궁전에서는 공식적인 열기구 시연 행사도 열렸다.

『기구를 타고 5주간』이 그랬듯 쥘 베른의 소설들은 경이의 시대와 함께 시작된, 과학을 향한 대중의 열렬한 관심을 십분 자극하는 읽을거리였다. 『지구 속 여행』도 물론 마찬가지였다. 등장인물들은 지구의 중심에 또 다른 세계가 있다는 과감한 가설에 몸을 맡긴다. 노르웨이의 한 화산 분화구를 입구로 삼고 지구 반지름 길이만큼 지구 속으로 들어가는 여행을 떠난다(다행히 여행을 마치고 나오는 길엔 때마침 화산 분출이라는 자연의 도움을 받는다). 말하자면 쥘 베른의 소설은 과학과 함께 유행한 장르 소설이었다.

외부 세계에 알려지지 않은 미지의 자연을 인간이 '발견'하고 '정복'한다는 테마는 이전에도 존재했다. 당시 출간된 대부분의 모험기가 이러한 테마를 기반하고 있었다. 그러나 이미 유명했던 '모험기'라는 장르에 촘촘한 과학적 디테일을 추가한 작가는 쥘 베른이 최초였다. 그의 소설은 자연을 단순히 정복의 대상으로 바라보지 않으며, '탐구의 대상'으로 바라본다. 이렇게 할 수 있었던 선 ㅗ가 작가이기 이전에 한 명의 아마추어 학자였기 때문이다.

쥘 베른은 책을 쓰기에 앞서 박물관에서 영감을 얻고,

스스로 공부해 오던 지리학 분야에서 계속해서 아이디어를 수집했다. 그래서인지 소설 속에는 '배움의 흔적'들이 심심 찮게 등장한다. 지리학뿐만 아니라 과학 전반에 대한 그의 풍부한 지식은 『지구 속 여행』에서 아래와 같이 나타난다.

"

"이제 겨우 지표면에 도착했다는 뜻이야. 스네펠스 분화구에서 내려온 이 수직굴은 이제야 겨우 해수면과 같은 높이에서 끝났어."

"그게 확실합니까?"

"물론이지. 기압계를 봐."

기압계의 수은주는 우리가 밑으로 내려올수록 점점 올라가서 지금은 760밀리미터 높이에 멈춰 있었다.

"봤지? 기압은 아직 1기압이야. 더 깊이 내려가면 기압계 대신 압력계를 사용하게 될 거야."

공기의 무게가 해수면에서 측정한 기압보다 커지면 기압계는 쓸모가 없어질 것이다.

—————————————————— 『지구 속 여행』166~167쪽 "

"

우리는 고생대의 한복판에, 다시 말해서 실루리아기 지층 속에 들어와 있었다.

"틀림없어!"

나는 속으로 외쳤다.

"고생대에 해저 퇴적물이 이런 편암과 이런 석회암과 이런 사암을 만들었지! 우리는 화강암 지층을 등지고 거기서 멀어져 가고 있어."

————————————— 『지구 속 여행』 178~179쪽 ""

과학 지식이 살아 있는 디테일이 주는 재미 덕에 소설은 조금 긴데도(지구 중심까지 들어가야 하니 말이다), 지루할 틈이 없다. 1800년대 아마추어 과학자가 한껏 지식을 뽐내는 이 소설에서, 모험담 속에 그 지식들이 어떻게 녹아 있는지 확인하는 즐거움은 상당히 클 거라고 보장한다.

과학 이야기는 재밌어야 한다

쥘 베른은 전문 과학자가 아니었기 때문에 그의 글에는 과학적으로 정확하지 않은 부분도 많다. 대신 그는 과학을 이용해 진기한 이야기를 만들어 내는 스토리텔링에 깅꿨다. 대중은 그의 글을 읽고 다른 탐험기들과 우주, 지질 답사에 대한 책들을 보기 시작했다. 처음으로 배, 비행선, 지하 세계 탐험이 흥미로운 소재로 여겨졌다. 사람들은 쥘 베른이 묶어 낸 과학의 재미에 어느새 공감하고 있었다.

재미 이야기가 나왔으니 문득 궁금해지는 것이 있다. 논문도 재밌을 수 있을까? 논문은 실험으로 얻은 결과들을 보여 줄 때 그걸 어떤 순서로 배치하느냐에 따라 세상에서 가장 별일 아닌 일처럼 얘기할 수도, 특급 뉴스라도 되는 것처럼 보여 줄 수도 있다. 과학자들이 가장 많이 사용하는 방법은 반전을 주는 것이다. 예상과 다르게 나온 데이터를 과감히 제시해 의문을 품도록 한 후, 즉 '예외'를 보여 준 후, 마치 반응을 예상했다는 듯 그 예외를 설명하는 데이터를 제시하는 식이라고나 할까. 이렇게 하면 연구자로서의 우수함을 입증하는 것은 물론, 검토 과정에서 나의 논문을 읽어 줘야 하는 동료 과학자의 수고로움도 재미를 통해 조금은 덜어 줄 수 있다. 과학자는 연구 인생 동안 생각보다 많은 논문을 상대해야 한다!

과학 이야기는 재밌을 수 있다. 아니, 재밌어야 한다. 그렇지 않고서는 과학자들이 무엇을 하는지 대중들에게, 기자들에게, 그리고 연구 예산 관리자들에게 알릴 방법이 없다. 대중을 사로잡는 한 권의 SF소설은 어쩌면 노벨상보다도 더 큰 힘을 가지고 있을지도 모른다. 어쩌면 우리가 지금까지 그 힘을 너무 간과한 건 아니었을까.

과학의 대중화? 대중의 과학화!

　인류 상상력의 역사를 추적하여 공로상을 준다면 그 영광은 SF소설 작가들에게 톡톡히 돌아갈 것이다. SF소설은 미래가 도래하기 훨씬 전부터 미래를 보여 주고 있었다. 쥘 베른이 그의 첫 소설을 쓴 지 거의 200년에 가까운 시간이 지났지만, 그의 예측은 기술이 커다란 부분을 차지하게 된 현대 사회를 신기할 정도로 잘 반영하고 있다. 더 놀라운 건 그의 예측이 잠수함과 우주선 등 신기술의 등장에만 국한되어 있지 않다는 사실이다. 인문대 출신의 고학력자가 공장 제품 생산이 목적인 사회에서(전형적인 디스토피아 소설이다) 고립되는 문제를 그린 그의 또 다른 소설『20세기 파리』는 지금 우리 사회의 기술 외적인 모습들 또한 정확하게 반영한다.

　'20세기의 과학은 쥘 베른의 꿈을 뒤쫓으며 발전했다'는 말이 있을 정도로 쥘 베른이 등장한 뒤, 인류의 상상력은 더 큰 스케일을 갖추게 되었다. 쥘 베른의 업적은 한마디로

'대중의 과학화'를 이뤄 낸 것이 아닐까 싶다. 그의 소설을 읽고서 과학 교양에 입문하는 사람들이 늘어났고, 과학 이야기를 하는 사람들이 많아지면서 과학 기술의 사회적 영향에 제기되는 좋은 질문들도 늘어났다. 대중은 비단 재미뿐만 아니라 그가 재미있게 소개하는 '과학'에 빠져든 것이다.

오늘날에도 쥘 베른에게는 '버니언'이라고 불리는 두터운 팬 층이 있다. 국내에 잘 알려진 『파피용』『개미』 등을 쓴 프랑스 작가 베르나르 베르베르도 쥘 베른의 열렬한 팬이다. 그는 소설 작업을 할 때 쥘 베른의 작품에서 영향을 받기도 한다고 말한 적이 있다. 가히 SF소설의 길을 연 선구자가 누릴 수 있는 영광이라고 생각된다. 과학자는 쥘 베른에게서 대중에게 과학을 매력적으로 이야기하는 법을, 많은 영화 감독과 예술가들은 대중을 과학으로 매료하는 방법을 배운다. 조만간 그의 소설들을 정주행해 볼까 생각 중이다. 그가 예측한 미래들이 이미 현실이 되어 버렸음에 아쉬워하면서. 아아, 너무 늦게 태어났다.

연금술과 『프랑켄슈타인』의 상관관계

인간이 물질을 이용해서 생명을 탄생시킨다는 생각은 얼마나 오래되었을까. 흙과 물, 다양한 광물들을 적당한 비율로 조합해 금을 만들고자 했던 연금술사들의 모습은 왠지 유전자를 조작해 생명 활동을 연장하려고 하거나 인공적으로 생명을 탄생시키고자 하는 현대의 유전 공학자들의 모습과 닮아 있다. 그런데 일찍이 1818년 영국에서 출판된 작은 책 속에도 이와 비슷한 생각이 적혀 있다. 그건 바로 한 인간이 다른 생명을 만드는 이야기이다.

2018년 1월, 권위 있는 논문 투고 매체인 「네이쳐」의 표지를 장식한 것은 다름 아닌 소설 『프랑켄슈타인』이었다. '21세기 프랑켄슈타인'을 가능케 할지도 모를 최신 신체 이식 기술, 유전자 가위 기술(CRISPR) 등을 소개하는 기사들이 해당 호를 빼곡히 채웠다.

이제는 『프랑켄슈타인』의 아이디어가 고대 연금술사만큼이나 얼토당토않다고 생각하긴 힘들게 됐다. 동물에 배아 줄기세포를 착상시켜 원하는 유전자를 가진 새끼 동물이 태어나게 하는 연구가 한창인 데다, 세계 각국의 병원에서 점차 세밀한 장기 이식 수술이 시도되고 있다. 곧, 인간은 정말로 자신의 손으로 새로운 생명을 창조할 수 있게 될지도 모른다. 그렇다면 『프랑켄슈타인』은 어쩌면 이 현실을 200년도 더 전에 내다본 책이지 않을까.

본격적으로 책 속으로 뛰어들기 전에 잠시 1818년의 영국의 상황을 살펴보자. 『프랑켄슈타인』을 읽은 당대 사람들은 도대체 이 무시무시한 생각을 누가 처음으로 했는지 알 길이 없어 작가를 수소문했다. 그리고 크게 놀랄 수밖에 없었다. 작가가 다름 아닌 '메리 셸리'라는 이름의 젊은 여성이었기 때문이었다. 사람들은 당시 흔한 일이 아니었던 여성 작가의 혜성 같은 등장에 한 번 놀랐고, 그녀가 택한 파격적인 소재에 두 번 놀랐다. 그녀의 삶은 소설의 주인공 프랑켄슈타인이 겪은 운명만큼이나 파란만장했다. 어머니는 그녀를 낳다 사망했고, 남편 퍼시 역시 사고로 일찍 세상을 떠났다. 프랑켄슈타인의 삶에 '불행이 따라다니는 운명'을 부과한 것은 그녀 자신의 삶에서 온 아이디어였는지도 모르겠다.

그런데 『프랑켄슈타인』은 하마터면 세상에 나오지 못할 뻔했다. 메리 셸리는 15살 무렵, 당시 유부남이었던 젊고 유망한 시인인 퍼시와 사랑에 빠진다. 이들은 사람들의 눈을 피해 유럽 대륙으로 그야말로 사랑의 도피를 감행한다. 이후 결혼한 두 사람은 1816년, 당대 최고의 시인이자 기인이었던 바이런 경을 만나 그의 집에서 함께 여름을 보내기로 한다. 비가 내리는 어두컴컴한 오후였다. 그들 중 누군가가 '무서운 이야기 지어내기' 놀이를 제안한다. 돌아가면서 한 명씩 무섭고 끔찍한 이야기를 지어내자는 것이었다. 그때 메리 셸리가 즉석에서 지어낸 것이 바로 '광기에 사로잡힌 한 과학자가 생명을 창조했지만, 끝내 그 생명체로부터 무서운 보복을 당하는 이야기'였다. 이 시놉시스, 어딘가 익숙하지 않은가?

본격적으로 이 이야기를 소설화하는 작업은 바이런이 그녀를 끈질기게 설득한 뒤에야 시작된다. 그리고 2년 후,

『프랑켄슈타인』은 '현대의 프로메테우스'라는 부제를 달고서 정식 소설로 출판된다. 바이런이 메리를 열심히 구워삶지 않았다면 이 이야기는 무더운 여름밤 공기에 희석되어 사라졌을지도 모르겠다. 아 참, 메리의 남편 퍼시는 그녀의 소설 활동을 지지하고 응원한 든든한 조력자였다. 자, 그럼 이제 본격적으로 소설 속으로 들어가자. 작가 메리 셸리의 삶만큼이나 기이하고 독특한 이 소설을 만나러 가는 거다.

창조물로부터 도망친 창조자

고대 연금술과 자연 과학에 심취했던 젊은 프랑켄슈타인 박사는 고향을 떠나 잉골슈타트의 대학에서 생명체를 만드는 연구에 돌입한다. 어느 음산한 밤, 프랑켄슈타인은 결국 자신이 만든 창조물의 탄생을 지켜본다. 창조물은 자신의 흉물스러운 외관에 혐오감을 표하는 프랑켄슈타인으로부터 도망친다. 얼마 안 있어 프랑켄슈타인은 어린 동생 윌리엄이 고향의 숲속에서 죽은 채로 발견되었다는 편지를 받는다. 그는 이것이 그가 만든 창조물의 짓임을 간파한다. 죄책감에 사로잡혀 눈 덮인 산맥으로 향한 프랑켄슈타인은 그곳에서 창조물과 재회한다. 분노로 몸을 떠는 프랑켄슈타인에게 창조물은 자기와 똑같은 '여자'를 만들어 줄 것을 부탁한다.

심하게 갈등하던 프랑켄슈타인은 이내 창조물에게 동정심을 느껴 부탁에 응하지만, 그와 똑같은 존재를 하나 더 이 세상에 탄생시키면 일어날지 모르는 끔찍한 일을 떠올리고는 약속을 철회한다. 그는 창조물이 보는 앞에서 거의 다 완성된 그의 짝을 부순다. 분노한 창조물은 프랑켄슈타인의 가장 가까운 친구뿐만 아니라 그의 약혼녀까지 살해하고 도망간다. 프랑켄슈타인 역시 죽는 날까지 창조물을 뒤쫓기로 결심하고 북극으로 떠난다. 그러다 결국 그는 여행 도중에 구조당한 배 위에서 죽음을 맞이한다. 그 배에 올라타 프랑켄슈타인의 마지막을 지켜본 창조물도 스스로 죽음을 택한다. 둘은 죽음을 통해서 마침내 운명의 고리를 끊을 수 있었다. 여기까지가 소설의 전체적인 줄거리다.

프랑켄슈타인이 창조물의 탄생을 지켜보며 두려움에 떠는 장면은 소설의 시작을 알리는 부분이다. 완성된 창조물의 모습은 그가 원했던 것과는 너무나도 달랐다. 살점과 뼈는 완전히 달라붙어 있지 않았고, 덩치는 보통 사람보다 훨씬 거대했다. 창조물의 모습은 아름다움과는 거리가 멀었다. 이러한 흉물스러운 외형 때문에 세상으로부터 철저히 고립될 수밖에 없었다. 프랑켄슈타인은 결국 더는 못 보고 있겠다는 듯, 구역질을 하며 건물 밖으로 도망치고 말았다. 창조주는 이렇게 창조물을 버리고 떠난다. 책임 또한 함께 버린 채로.

> " 이 참상을 보고 느낀 감정을 어떻게 표현할 수 있을까? …
> 나는 놈을 아름다운 용모로 만들려 했다. 아름답게! 아, 맙소사! 놈의 피부 아래 움직이는 근육과 동맥들이 거의 다 드러나 보였다. … 하지만 이처럼 다채로워 보이는 모습은 희끄무레한 눈구멍에 자리잡은 그 눈구멍과 거의 비슷한 빛깔의 축축한 눈과 쭈글쭈글한 피부, 그리고 붉거진 새까만 입술과 대조를 이루어 더욱 섬뜩하기만 했다. … 내가 창조해 낸 존재를 더는 참고 볼 수가 없어서 그 방에서 뛰쳐나왔다. … 내가 너무나 서툴게 생명을 부여했던 그 악마 같은 시체가 다가오지나 않을까 신경을 곤두세운 채 귀를 기울이며, 단 하나의 소리도 놓치지 않았다.
>
> ──────────── 『프랑켄슈타인』 63~65쪽 "

다음 날 프랑켄슈타인이 돌아와 보니, 창조물은 이미 그곳에서 사라지고 없었다. 다행이었다. 창조물은 제 발로

도망친 것일 테다. 그제야 프랑켄슈타인은 안도의 한숨을 내쉬었다. 자신과 창조물이 분리되어 있다는 사실을 끊임없이 스스로에게 상기시키면서 말이다. 그러나 평화는 오래가지 못했다. 피할 수 없는 운명이 점점 가까워지고 있었다.

인간, 기술 문화를 창조하다

위험천만한 창조물을 탄생시킨 소설 속 프랑켄슈타인과 우리들은 크게 다르지 않을지도 모른다. 우리도 프랑켄슈타인만큼이나 위험한 것을 창조했다. 바로 기술이다. 인간은 전염병을 퇴치하고, 새로운 대륙을 정복하고, 새로운 세대에게 지식을 전달하기 위해 끊임없이 새로운 기술을 창조했다. 발전을 거듭하는 내내 우리 손에는 기술이란 것이 들려 있었다.

그러나 어느새 기술은 인간에게 막대한 영향력을 행사하고 있다. 기술은 인류의 풍속에 지대한 영향을 미쳤다. 산업 혁명이 불러온 생산성의 향상과 인터넷이 불러온 정보 공유의 힘을 떠올려 보라. 21세기의 인간은 이처럼 스스로 일궈 낸 기술 문화*의 혜택에 젖어 살아간다. 단지 어떠한 일을 하는 '수단'이었던 기술은 이제 일상의 모습을 근본적으로 변화시키는 강력한 변수가 되었다.

이 소설에는 결말이 있다. 비극적인 결말이. 창조물은 죄책감으로, 불안감으로, 거대한 두려움으로 그 모습을 바꾸어 나타난다. 프랑켄슈타인은 끝내 물리적으로도(그는 소설의 중반부에서 가족과 친구를 모두 잃은 뒤 절망적으로 창조물을 뒤쫓기 시작하지만 결국 따라잡지 못한다), 그리고 정신적으로도 창조물에게 완전히 구속된다. 마치 프랑켄슈타인이 창조물의 노예가 된 듯하다. 창조자가 창조물의 '노예'가 되다니, 아이러니한 상황이 아닐 수 없다.

기술과 매우 밀접한 관계를 맺고 있는 현대인들이 동일한 결말을 겪지 않을 수 있을까? 우리는 끊임없이 스마트폰 알람을 확인하고, 언제라도 SNS 공간에 연결되어 있길 원하며, 외부와 연결되어 있지 못하면 불안해한다. 마치 무

+

기술 문화 : 농경 시대에 수렵·채집 문화가 있었다면, 현재 세계에서 중요한 문화 키워드는 아마 기술일 것이다. 새로운 기술은 사람들의 삶의 방식이나 가치관을 바꾼다. 국가나 기업, 개인에게는 기술을 갖고 있느냐 없느냐가 중요하게 여겨진다. 인류가 기술 문화를 누리며 얻은 가장 큰 자산은 다음 세대에게 지식을 전수하는 효과적인 방법을 알게 되었다는 게 아닐까.

언가에 쫓기는 사람처럼 말이다. 현대인들은 일상의 거의 모든 요소를 관리할 수 있는 자유와 기술을 얻었지만, 동시에 '그 기술 없이' 어떤 것도 할 수 없는 상태가 되었다. 현대 기술은 지금도 우리를 닦달하고 있다.

거대한 파괴력을 지닌 핵융합 기술을 만든 이후, 이제 세계는 그 이전의 세계로 결코 돌아가지 못한다. 근대 유럽의 전쟁에서 최초로 대포와 화약, 총이 사용된 뒤에는 그 어떤 전쟁사 속 전투도 그 이전으로 후퇴하지 않았듯이 말이다. 돌이킬 수 없는 변화를 겪었다는 것은 얼마나 무서운 말인가. 인간은 기술에 너무 많은 결정권을 내준 것은 아닐까.

프랑켄슈타인과의 대면에서 "나에 대한 의무를 다하시오. 그러면 나도 당신과 다른 인간들에 대한 내 본분을 다하겠소."라고 말하는 창조물의 목소리에서는 자신이 인간에게 언제든 책임을 물을 수 있다는 자신만만함이 드러난다. 실제 세계에서도 상황은 크게 다르지 않다. 어서 바로잡지 않는다면 인간은 필연적으로 자멸의 길을 걷게 될지도 모를 일이다.

눈부신 과학 기술의 발전이 미래 인류에게 어떠한 대가를 요구할지를 상당히 정확하게 예측한 『프랑켄슈타인』은 인간의 기술 문화가 해결하지 못한 어두운 단면들을 해부하듯 보여 준 소설이다. 굳이 기술이 아닐지라도 독자들에게 나를 구속하고 있었던 '창조물'은 무엇인지, 나도 모르게 어떤 것의 '노예'가 되어 가고 있지는 않은지 생각해 볼 거리를 던져 주고 있다.

창조자를 죽인 창조물

『프랑켄슈타인』의 또 한 가지 특별한 점은 창조물의 입장에서도 이야기를 풀어 나간다는 것이다. 창조물이 자신이 태어나던 순간을 회상하는 독백을 들어 보자.

"

내가 태어났던 순간을 떠올리려니 상당히 힘드오. 그 당시의 모든 사건들은 혼란스럽고 불분명하오. … 잠에서 깨어났을 때는 이미 어두웠소. 춥기도 하고 본능적으로 쓸쓸한가 하면, 조금은 무서웠소. … 아무것도 분간할 수 없었소. 그저 사방에서 엄습해 오는 고통을 느끼며 주저앉아 흐느낄 뿐이었소. … 낮과 밤이 여러 차례 바뀌고 달이 아주 작아진 어느 날, 나는 비로소 내가 느끼는 감각들 각각을 구분하기 시작했소. … 때로는 새들이 지저귀는 유쾌한 노래를 흉내 내려고 했지만 할 수 없었소. 때로는 내 감정을 내 식대로 표현하고 싶었지만 내 입에선 그저 거칠고 알아들을 수 없는 소리만 터져 나올 뿐이었소.

———————————————— 『프랑켄슈타인』 130~132쪽 ""

작가 메리 셸리가 상세하게 묘사하는 연약한 창조물의 모습은 갓 태어난 인간의 모습을 연상시키기도 하고, 지구에 막 등장한 초기 인류의 모습을 그려 놓은 것 같기도 하다. 무력한 신생아나 다름없던 창조물이 빠르게 사물과 빛, 소리를 지각하고 이내 불을 사용하는 법까지 익히는 모습은 마치 인간의 역사를 압축시켜 놓은 듯한 느낌을 준다.

홀로 이곳저곳을 떠돌던 창조물은 우연히 작은 오두막집을 발견한다. 멀리 숨어서 매일같이 그 안에 사는 가족들을 지켜보던 그는 그들의 일원이 되고 싶다는 강렬한 열망에 사로잡힌다. 저녁 시간마다 식탁에 모여 이야기를 주고받고, 음식을 나눠 먹는 풍경에 녹아들 수 있다면 얼마나 행복할지 상상한다. 창조물의 가장 큰 적은 프랑켄슈타인이 아니라 그가 느끼는 외로움이 아니었을까. 그가 얻고 싶었던 것은 여느 사람들과 다르지 않았지만, 흉측한 겉모습을 가졌기에 창조물에게는 그 어떤 인간적인 애정도 허락되지 않았다.

분노에 휩싸인 창조물은 결국 프랑켄슈타인과 가까운 사람들을 차례로 살해하는 돌이킬 수 없는 잘못을 저지른다. 정작 복수가 향할 곳은 프랑켄슈타인이었는데 말이다. 그렇게 창조물이 추구했던 평범하디 평범한 욕망은 완전히 좌절된다. 흉측한 겉모습에 씻을 수 없는 죄까지 지은 그를 환영할 이는 결코 없었다.

세상으로부터 스스로를 고립시킨 창조물은 마지막 복수를 위해 프랑켄슈타인을 뒤쫓는다. 그런 창조물을 프랑켄슈타인 역시 피하지 않는다. 둘의 쫓고 쫓김이 시작된다. 창조물을 앞세운 여정은 책의 후반부, 북극의 한 탐험선 위에서 마무리된다. 기절한 프랑켄슈타인은 배의 한 선원에게 구조되지만 이내 죽음을 맞이한다. 몰래 그를 따라 배에 올라탄 창조물은 프랑켄슈타인의 시체를 본 순간 속절없이 무너져 내린다. 그리고 "저 사람도 내가 죽였구나!"라고 말하면서 스스로 목숨을 끊는다.

누군가에게 창조물이 겪은 불행의 책임을 묻는다면 그건 단 한 명, 그의 창조자 프랑켄슈타인뿐이다. 세상은 아직 프랑켄슈타인의 불완전한 창조물을 감당할 준비가 되어 있지 않았다. 실제로 우리도 우리가 창조한 기술에 대해서 완전히 준비되어 있지 않다. 전보다 많은 연장들을 갖게 되었지만, 그만큼 인간은 위험에 무감각해진 건지도 모른다.

어떠한 임계점을 넘어서면 과학과 기술은 피해야 할 괴물로 돌변하여 창조자에게 달려들 것이다. 『프랑켄슈타인』을 통해 우리가 알 수 있는 것은 모든 형태의 '창조물', 즉 기술과 우리 사이에는 이러한 숙명적인 관계가 존재한다는 사실이다. 그것이 증기 기관이건 인공 지능이건 말이다. 이러한 관계를 본격적인 기술 사회가 도래하기 전, 심지어 산업 혁명이 일어나기도 전에 파악했다는 것에서 작가 메리 셸리의 놀라운 통찰력이 느껴진다.

인간과 기술 사이의 관계가 200년 전에 이미 예측됐다는 사실을 깨닫는 바로 지금 이 시간에도 인간은 매일 새로운 '창조물'을 만들어 내고 있다. 다음과 같이 죽기 직전 프랑켄슈타인이 내뱉은 쓸쓸한 절규는 우리에게 부디 지나친 야망을 경계하라고 말하는 듯하다. 기술과 우리의 관계에서, 아직 우리에게 방향키가 있기를 바랄 뿐이다.

"

평온함 속에서 행복을 찾고 야망은 피하게. 야망이 과학과 발견의 분야에서 자네에게 명성을 안겨 줄, 언뜻 순수한 것으로

보일지라도 말일세. 그런데 내가 왜 이런 말을 하는 걸까? 나
는 그런 기대감 때문에 파멸을 자초했지만 다른 사람은 성공
할지도 모르는 일인데.

——————————————————— 『프랑켄슈타인』 293쪽 **99**

『아이, 로봇』 아이작 아시모프 | 우리교육 | 2008

우리가 몰랐던 로봇의 비하인드

〈바이센테니얼 맨〉〈에이 아이(A.I.)〉〈2001 스페이스 오디세이〉. 로봇을 주인공으로 내세운 이 영화들 속에는 제 각기 다른 꿈을 꾸고, 서로 다른 야망을 추구하는 로봇들이 등장한다. 인간이 되고자 과학자를 찾아가 수술을 받는 로 봇, 엄마의 진짜 아들이 되고 싶은 아들의 쌍둥이 로봇, 그 리고 전 인류를 위험에 빠트릴 반역을 계획하는 로봇까지.

이토록 다양한 '로봇 군상들'이 한 소설 안에 들어 있다 면 어떨까. 골치 아픈 과학 이야기로만 이어지지 않는다면 꽤 즐거운 읽을거리가 될 것 같다. 일찍이 1940년대에 이런 책을 쓴 작가가 있었다. 러시아 태생의 소설가 아이작 아시모프가 바로 그 주인공이다. 그는 우리가 지금 알고 있고 그려 볼 수 있는 로봇의 모습 거의 대부분을 한 권의 소설 안에서 창작해 내다시피 했다.

어느 날 로봇들이 단체로 보이콧을 한다면 어떻게 될까? 인간이 자신들의 주인이라는 사실을 더 이상 인정하지 않겠다면서 말이다. 혹은 전부 똑같이 생긴 로봇 군단들 중에서 거짓말을 하고 있는 단 한 명의 로봇을 찾아내야 한다면 어떻게 해야 할까? 아니면 로봇들이 자신들 사이에 스스로 위계 질서를 만들어 내부적으로 우두머리를 만들고, 인간의 통치를 거부한다면 어떻게 될까? 『아이, 로봇』에는 이토록 다양한 면면을 지닌 열두 개의 로봇이 등장한다.

허나 이 책은 로봇을 결코 부정적인 모습으로만 그리지 않는다. 아이를 사랑하게 된 돌봄 로봇, 인간에게 동정심을 느끼는 로봇 등 자발적으로 인간과 우호적인 관계를 맺고자 하는 로봇들이 등장하니 말이다. 이를 보면 작가 아시모프는 로봇과 인간 사이의 관계는 반드시 적대적일 필요는 없으며, 경계심보다는 호기심이 더 좋은 태도라는 것을 이야기하려는 것 같다.

로봇은 우리 삶에 꾸준히 스며들어 왔다. 더 이상 로봇은 SF소설 속에서만 등장하는 존재가 아니다. 검색 엔진을 포함하여 우리가 자주 이용하는 웹사이트 중 몇몇은 실은 익명의 '로봇 관리자'의 관리를 받는다. 아이들에게 로봇은 영화와 동화책 속에도 존재하는 익숙한 존재다. 어느새 우리와 함께 살아가는 이들 로봇들이 과연 어떤 존재인지에 대해서 우리는 잘 알고 있는 걸까. 만일 궁금하다면, 『아이, 로봇』에 담긴 아시모프의 상상력을 빌려 그들을 이해해 보는 것은 어떨까.

책을 읽으며 아시모프의 머릿속에서 태어난 로봇들을 천천히 하나하나 들여다보자. 그리고 그가 로봇을 어떤 존재로 그리고 싶어 했는지도, 그의 상상력이 얼마나 시대를 초월해 미래를 예측했는지도 살펴보자. 우리가 몰랐던 로봇의 모습들을 알게 될 것이다.

로봇 공학의 3원칙

로봇 세계에 처음 입문한 우리를 돕기 위해 아시모프는 몇 가지 장치들을 준비해 두었다. 그중 가장 중요한 것은 아무래도 작가 자신이 정한, 로봇에 대한 정의일 것이다. 그

중에서 특히 주목해야 할 것이 '로봇 공학의 3원칙'이다. 이는 작가가 세운 로봇에 대한 정의를 잘 보여 준다. 그의 다른 소설들에도 등장할 만큼 '로봇 공학의 3원칙'은 아시모프 세계관*의 핵심이다. 로봇에게 도덕과 규범을 정의하는 이 원칙들을 한번 들여다보자.

> 제1원칙 : 로봇은 인간에게 해를 입혀서는 안 된다. 그리고 위험에 처한 인간을 모른 척해서도 안 된다.
> 제2원칙 : 제1원칙에 위배되지 않는 한, 로봇은 인간의 명령에 복종해야 한다.
> 제3원칙 : 제1원칙과 제2원칙에 위배되지 않는 한, 로봇은 로봇 자신을 지켜야 한다.
>
> ——— 『아이, 로봇』 68쪽

원칙들 간의 우선순위도 정해져 있다. 제1원칙은 제2원칙에, 제2원칙은 제3원칙에 우선한다. 실제로 그의 소설에서 로봇은 인간의 생명을 자기 자신보다 늘 우선순위에 둔다. 그러나 만약 인간의 명령에 복종하려고 한 일이 오히려 인간에게 해를 끼치게 된다면, 로봇은 어떻게 해야 할까.

인간의 마음을 읽어 거짓말일지라도 그들이 듣고 싶어

하는 말을 해 주는 로봇, 허비에게 바로 그러한 일이 일어났다. 어느 날, 허비의 능력을 살펴보기 위해 로봇 심리학자인 수잔 박사와 다른 몇몇 과학자들이 연구소를 찾아온다. 수잔 박사와 며칠간 대화를 이어 가던 로봇은 그녀가 동료 과학자 애쉬를 사랑한다는 것을 읽어 낸다. 로봇은 늘 해 오던 대로 애쉬도 수잔 박사를 사랑한다는 거짓말을 그녀에게 들려준다.

수잔 박사는 『아이, 로봇』에 계속해서 등장하는데, 그녀는 로봇의 의도나 거짓말을 파악하는 데는 세계 최고 전문가이지만, 내면은 자신을 사랑해 줄 사람을 찾지 못해 차갑게 굳어 버린 인물이다. 이후 애쉬가 곧 결혼한다는 사실

✛

SF소설의 세계관 : SF소설들의 세계관은 독특한 설정과 발칙한 상상이 펼쳐지는 놀이터다. 외계인이 점령한 지구, 다른 행성으로의 여행, 바벨탑을 오르는 신인류까지. '도대체 이런 생각을 어떻게 했을까'란 말이 절로 나온다. 소설 『은하수를 여행하는 히치하이커를 위한 안내서』의 도입부에서, 지구는 놀랍게도 '우주 고속도로 개발 계획'의 일환으로-고속도로를 만들어야 하는데 바로 그 길목에 지구가 놓여 있었던 것-한낱한시에 사라진다. 소설의 수인공는 지구가 사라지기 직전에 우주선에 '히치하이크'를 해서 살아남는다. SF소설만의 코믹함과 무거움을 동시에 충분히 보여 주는 설정이다. 결코 일어날 것 같지 않지만, 그렇다고 완전히 불가능해 보이지는 않아서 읽는 이들의 마음은 더 조마조마해진다. SF소설 세계관의 무기는 비범한 작가들만이 지닌 '상상력' 이라고 할 수 있지 않을까.

을 알게 된 수잔 박사는 큰 슬픔에 빠진다. 불안한 내면의 수잔 박사는 허비의 거짓말을 거듭 확인하며, 다음과 같이 일부러 허비를 딜레마로 내몬다. 평소 자신을 자조하던 모습 그대로 말이다.

> 심리학자는 계속 천천히 반복했다.
> "너는 해결책을 말할 수가 없어. 그러면 두 분의 마음이 상할 텐데, 너는 인간에게 해를 끼치면 안 되기 때문이야. 그리고 대답을 해도 마음이 상하긴 마찬가지일 테니 그것도 안 돼. 그래서 말할 수가 없어. 하지만 대답을 안 하면 두 분의 마음이 상해. 그래서 대답을 해야 돼. 하지만 그렇게 하면 마음이 상해. 그래서 그것도 안 돼. 하지만 그렇게 안 하면 마음이 상해. 그래서 그렇게 해야 돼. 하지만 그렇게 하면 마음이…"
> 허비가 벽까지 물러나더니 무릎을 꿇고 소리쳤다.
> "그만! 박사님 마음 좀 닫으세요! 그 안에 고통과 좌절과 증오가 가득해요! 나쁜 의도는 없었다고요! 도와 드리려고 그런 것뿐이에요! 박사님이 듣고 싶어 하시는 대답을 한 것뿐이라고요. 어쩔 수 없었단 말이에요!"
> ─────────────── 『아이, 로봇』 189쪽

로봇 허비는 인간의 명령에 복종해야 한다는 '로봇 공

학 제2원칙'에 따라 보거트와 래닝 박사의 갈등에 해결책을 제시하라는 수잔 박사의 명령에 복종해야 한다. 허비는 보거트 박사의 기분을 좋게 하기 위해서 그의 경쟁자인 래닝 박사가 사임할 거라는 거짓말을 한 바 있다. 그러나 만약 둘의 갈등을 풀기 위해서 래닝 박사가 사임한다는 말은 자신의 거짓말이었다는 사실을 보거트 박사에게 말하게 되면 그는 좌절할 것이다. 즉, 로봇이 인간에게 인간의 자아를 위축시키는 해를 입히게 될 것이다. 그렇다면 로봇은 인간에게 해를 입혀서는 안 된다는 '로봇 공학 제1원칙'을 어기게 된다. 결국 허비는 제1원칙과 제2원칙의 딜레마에 빠지게 된다. 소설 속에서 허비의 사고 회로는 이 딜레마로 불타 버리고, 허비는 이내 차가운 쇳덩어리가 된다.

아이작 아시모프의 세계관 속에서 로봇이 지키고 따라야 할 우선순위는 매우 분명하다. 인간에게 해를 입히지 말 것, 인간을 최우선으로 보호한 다음에 자신을 보호할 것. 잘 살펴보면 일방적으로 인간의 편의를 위해 로봇을 만든 인간의 이기심이 드러나는 듯하다. 그러나 한편으로는 인간을 보호하기 위해서는 반드시 필요한 원칙이기도 하다.

한편, '로봇 공학의 3원칙'은 놀랍게도 바로 지금 21세기에서도 지척에서 사용된다. 작게는 스마트폰 챗봇*부터 크게는 기업의 회계 관리, 혹은 병원의 환자 목록 관리 등에 서까지 사용되는 '인공 지능'의 알고리즘에서 이 원칙은 가 장 기본적이고 중요한 전제 조건이다. 이 덕분에 인공 지능 이 개인 정보를 해킹하거나 일부러 작동 속도를 늦추는 일, 혹은 시스템을 제 스스로 바꾸어 버리는 일 등이 일어나지 않는다. 큰 병원이나 정부의 컴퓨터에서 그런 일이 벌어지 면 정말 끔찍한 결과를 불러올지도 모른다.

『아이, 로봇』을 아시모프의 거대한 사고 실험[++]으로 생 각하고 읽어 보면 어떨까. 머릿속 상상 대신 글쓰기를 통해 실시한 사고 실험 말이다. 아시모프는 원칙, 또는 대전제('로

257

[+]
챗봇 : 2G 시절의 '심심이'를 아시는지? 스마트폰 사용자가 채팅 창에 입력 하는 말들에 정해진 알고리즘대로 대답해 주는 기능 혹은 장치다. 알고리즘 이 정교해질수록, 즉 다양한 패턴의 대화와 상황을 많이 학습할수록 챗봇은 더 자연스러운 대답을 할 수 있게 된다.

[++]
사고 실험 : 실패 가능성이나 입증 가능성에 구애되지 않고 사고상으로만 성립되는 실험. 칼 세이건의 『코스모스』에는 사고 실험과 관련된 아인슈타 인의 어릴 적 이야기 하나가 실려 있다. 십 대의 아인슈타인은 머릿속에서 자기만의 실험에 빠지곤 했는데, 이때의 가정과 상상은 이후에 상대성 이론 의 토대가 됐다.

봇 공학의 3원칙')를 세우고 다시 무너뜨려 보기도 한다. 그렇게 해서 이러한 질문을 던져 보고자 했을 것이다. '로봇을 공통적으로 통제할 수 있는 원칙, 어떤 로봇도 피해 갈 수 없고 로봇으로부터 인간을 보호할 수 있는 원칙은 존재하는가?'

로봇 공학의 3원칙은 그가 세운 '실험 가설'이며 원칙을 어기고 딜레마에 빠지거나 인간을 위험에 빠트리는 로봇들은 이 가설에 반하는 '데이터'들이다. 일부러 그의 원칙을 교묘하게 피해 가거나 어기는 로봇들을 여럿 등장시켜 본 건 그가 세운 원칙이 정교하게 잘 만들어졌는지, 로봇과 인간의 관계를 제대로 반영했는지를 점검하는 과정일 것이다. 그렇게 하기 위해서는 물론 이런 '오류 데이터'에 속하는 로봇들의 이야기에 있어서도 치밀한 설계가 필요했을 테고 말이다.

그런데, 이 가설에 반하는 '별종 로봇'들이 독자에게 주는 서스펜스가 만만치 않다. 로봇들의 대사에 집중하면 좀 더 잘 느껴질 것이다. 눈 하나 깜박이지 않고 뱉는 그들의 녹백에 공포 영화와는 또 다른 긴장감을 느낄지 모른다. 그러한 서스펜스를 느끼게 해 줄 로봇을 하나 만나 보자. '생각하는 로봇'이라는 별명을 가진 로봇 큐티다.

로봇 데카르트를 만나다

두 명의 조종사를 보조하여 우주선을 관리하는 로봇인 큐티에게는 다른 로봇들과 다른 점이 있다. 바로 '자기 자신'에 대해 질문한다는 것이다. 사뭇 진지한 얼굴로 큐티는 '나는 누구죠?' '나는 어디에서 왔죠?' 같은 질문을 던진다.

"

"그런데 난 어디에서 왔어요, 파웰? 아직까지 나라는 존재에 대해서는 설명하지 않았잖아요." …

"여러 행성에 태양 에너지를 공급하기 위해 이런 우주 기지를 처음 만들 때만 해도 인간이 기지를 운영했어. 그런데 혹독한 태양 광선과 뜨거운 열, 그리고 전자 폭풍 때문에 그런 일을 하기가 정말 어려웠지. 그러던 참에 인간의 노동을 대체할 로봇이 개발돼서 지금은 기지 하나에 인간은 두 명만 있으면 돼." … 빨갛게 반짝이는 로봇의 눈이 파웰을 바라보았다. 큐티가 느릿느릿 말했다.

"방금 설명한 그렇게 복잡하고 믿기 어려운 가설을 내가 믿을 것 같아요? 날 뭘로 생각하는 거예요? … 30억 인류가 사는 세상! 무한한 공간! 미안해요, 파웰. 믿을 수가 없어요. 내가 직접 사실인지 아닌지 알아볼 거예요."

───────────────── 『아이, 로봇』 87~88쪽 "

자신의 기원에 대해 의문을 가진 큐티에게 자신이 인간에 의해 창조되었다는 설명은 '믿을 수 없는 가설'에 불과했다. 조종사 파웰과 도노반이 다른 로봇을 이해시키는 데 썼던 방법들도 모두 소용없었다. 인간의 터무니없는 설명쯤은 가볍게 기각하고, 큐티는 아예 스스로 생각해 보기로 한다. 지금까지 그 어떤 로봇도 하지 않은 일이었을 것이다. 큐티는 인간의 서재로 향한다. 그리고 그곳에서 자신에게 '타당한' 설명을 가져다줄 내적 성찰에 빠진다. 결국 큐티는 인간을 어마어마한 혼란에 빠트릴 결론에 도달한다.

> "지난 이틀 동안 내적 성찰에 집중한 결과, 아주 흥미로운 결론을 얻었어요. 내가 사물을 판단할 수 있다는 뚜렷한 가정으로 시작했어요. 나는 생각한다. 고로 존재한다. … 두 사람 자신을 보세요. 깔보려고 하는 소리가 아니에요. … 두 사람을 구성하는 물질은 약하고, 강도와 지구력도 떨어지고, 에너지를 유기물의 불완전 산화 작용에 의존하고 있어요. … 하지만 난 완성된 제품이에요. 전기 에너지를 직접 흡수해서 거의 백 퍼센트 효율적으로 활용하죠. … 이런 사실은 그 어떤 존재도 자신보다 우수한 존재를 만들 수 없다는 확실한 명제에서 볼 때, 두 사람의 멍청한 가설이 엉터리라는 걸 증명해요."
>
> ──────────────── 『아이, 로봇』 90~92쪽 "

로봇의 눈으로 본 인간은 자신들보다 기능적으로 한없이 뒤떨어지는 존재들이었다. 그런 인간이 기능적으로 인간들보다 뛰어난 자신들 로봇을 창조했다고 하는 말을 믿을 리 만무했다. 큐티는 여기서 한술 더 떠 인간과 로봇 모두를 창조한 존재가 있다는 추론까지 자신의 사고를 확장해 나간다. 그리고 세계에 대한, 자기 존재에 대한 이성적인 판단력이 부족한 인간에게 부디 '창조주'가 자비를 베풀어 주길(!) 바란다.

여기서 우리는 로봇의 눈으로 우리 인간을 바라보는 색다른 경험을 하게 된다. 인간이 믿는 세상, 즉 30억 인구가 사는 세상, 지구라는 행성, 넓은 우주 모두는 실제가 아니라 인간의 착각, 혹은 착시일지 모른다고 말하는 큐티의 독백에서 새로운 관점을 하나 얻는다.

어쩌면 우리의 사고는 큐티가 지적한 대로 상당히 '인간 중심적'이었던 것인지 모른다. 큐티는 인간의 맹점을 파악하고 있었던 것이 아닐까. 큐티의 이야기는 결국 로봇의 눈으로 바라본 인간의 모습을, 그리고 그곳에서 드러나는 인간의 사고방식이 지닌 오류와 편협함을 지적하는 이야기이기도 하다.

『아이, 로봇』에서 만나는 독특한 로봇들은 이미 우리

곁에 가까이 와 있을지도 모른다. 연관 검색어를 신속하게 찾아 주는 검색 엔진이나, 비슷한 분위기의 노래를 귀신같이 추천하는 웹 사이트 화면 속에서 말이다.✛ 소설과 현실의 경계가 아찔하게 무너지고 있다. 적어도 로봇과 인간의 공생에서만큼은.

이 새로운 세상에서 인간은 한동안 로봇에게 적응할 시간이 필요할 것이다. 아시모프가 안내하고 있듯이 로봇은 우리 생각보다 정교하고, 치밀하고, 또 독자적인 존재일지 모른다. 그러나 지레 겁먹을 필요는 없다. 아시모프는 『아

✛ **가장 최근의 로봇, 인공 지능** : 21세기에 접어들며 우리가 새로이 만나게 된 로봇이 있다면, 그건 바로 '인공 지능'일 것이다. '퀘이크봇(Quakebot)'은 「LA 타임즈」에서 지진 관련 기사를 작성하는 '인공 지능 기자'다. 퀘이크봇은 미국 지리청에서 정보를 직접 받아서, 지진 발생 날짜와 장소, 규모를 담은 기사를 지진이 일어난 '직후' 바로 내보낸다. 정해진 알고리즘에 맞추어 학습한 행동을 하는 인공 지능의 특징이 정보 전달 목적의 글을 쓰는 데에는 최적의 요건이었을지도. 한편, 구글의 '이미지 검색' 기능을 활용하면 텍스트 대신 이미지로 대신 검색하거나 특정 이미지와 비슷한 다른 이미지들을 찾아낼 수 있다. 꽤 유용한 이 기능은 실은 인공 지능이 수많은 이미지를 빌어 학습한 결과이다. 이뿐인가. 인공 지능에게 환자의 뇌, 혹은 간 등에 생긴 종양 등을 촬영한 MRI(자기 공명영상)나 CT(컴퓨터 단층 촬영) 이미지를 학습시켜 의사의 판독을 대신하도록 할 수도 있다. 인공 지능 '왓슨(Watson)'이 대표적이다. 참고로 왓슨은 인간을 최초로 이긴 인공 지능 체스 프로그램 '딥블루'를 개발한 기업 IBM이 만들었다.

이, 로봇』에서 디스토피아를 그리지 않았다. 로봇과 평화롭게 공존할 방법은 존재할 것이다. 그리고 책은 분명 그 방법을 알고 있다.

공대 감성을 책임지는 것들

늘 어딘가 바빠 보이는 공대생은 바쁜 일상 속에서 어떻게 감성을 충전하고 있을까? 공대생의 감성은 무엇이 책임지는 걸까? 이곳에선 예술을 사랑하는 공대생들과 조금은 특별한 공대만의 감성 조각들을 소개한다.

밤늦게까지 불이 훤히 켜진 대학원 건물 속의 일상이나 과제로 가득 찬 공대생의 팍팍한 일상은 감성과는 거리가 멀어 보인다. 왠지 그들은 음악이나 예술 영화 없이도 잘만 살아갈 수 있을 것 같다. 하지만 이건 명백한 오해다. 아무리 감성이 메말라 보이는 공대생이라도 오페라를 진지하게 즐기거나 누벨바그 영화에 빠져 있을지 모르는 일이니.

과학을 하는 사람들이 음악을 탐닉하고, 미술을 공부하고, 문학에 빠져드는 일은 사실 흔하다. 과학사를 봐도 그 역사는 꽤 오래되었다. 이름만 들어도 알 만한 과학자들 중에는 음악을 사랑한 이들이 매우 많았다. 이론 물리학자 아인슈타인의 바이올린 연주 실력은 상당했다고 전해진다. 정기적으로 사중주 연습과 연주에 참가할 정도였으니 말이다. 그보다 30년 정도 뒤에 태어난 과학자 볼츠만은 베토벤과 바그너의 열렬한 팬이었다. 그의 일기 곳곳에는 자신의 이론을 베토벤의 악상에 비유해 설명한 기록이 남아 있다.

공대 캠퍼스를 거닐다 보면 때때로 이렇게 감성적인 옛 과학자들을 21세기로 옮겨 온 듯한 모습을 볼 때가 있다. 어떤 이는 음악을 즐기는 것에 한술 더 떠, 작곡 프로그램으로 음악을 직접 만들기도 한다. 내가 있는 학교에는 왜인지 조금 희한한 재주를 가진 이들이 많은데(예를 들면 라틴어를 수준급으로 구사한다거나 이십 대에 스타트업의 수장이 되어 있는 사람 등), 음악에서 유독 그런 사례가 많다. 작곡은 그중 하나일 뿐, 몇몇 피아노 능력자들은 가끔 〈베토벤 피아노 소나타 30번〉처럼 전문 연주자의 레퍼토리에서나 볼 수 있는 곡을 연주하며 이곳이 음대인지 공대인지 헷갈리게 만들곤 한다. 음악과 과학 사이에 정말 이렇다 할 상관관계가 있는 걸까? 작곡이 본디 상당히 수학적인 작업이라는 의견도 어떤 부분에서는 맞는 것 같다.

그런가 하면 공대생 사이에서만 교류되는 독특한 감성

도 있다. 공대생 여러 명이 같은 것을 보고 폭소를 터트리고 있다면, 혹은 무언가를 보고 다 함께 의미심장한 미소를 짓고 있는 것을 봤다면, 여러분은 그들 사이에서 공유되고 있는 '공대 감성'을 목격한 것이다. (지도)교수님을 놀리는 만화, 특정 과목 공부의 어려움을 토로하는 만화, 과학자들을 등장시키는 만화 등도 있다. 책으로도 출판된 〈야밤의 공대생 만화〉는 공대생들 사이에서 안정적인 사랑을 받아 오며 연재를 마무리했다.

그리고, 여기 공대 감성의 실체를 확인할 수 있는 드라마가 있다. 미국 드라마 〈빅뱅 이론〉을 본 적 있는지? 칼텍(캘리포니아 공과대학)에서 일하는 너드들의 다소 엽기적인 일상을 다룬 드라마다. 어딘가 어수룩한 이 드라마의 주인공들은 때와 장소를 가리지 않고 갑자기 물리학 토론을 시작하고, 다양한 방법으로 서로의 연구 주제를 은근히 디스한다. 어디서 많이 본 모습 같다. 공대에선 이런 풍경이 흔하다. 연구는 잘되어 가냐고 물으면서 상대의 연구 주제를 궁금해하거나, 실험에 필요한 장비나 시약들이 뭔지 물으면서 은근슬쩍 그 실험실에 놀러가 본다던지! 같은 연구자로서 주변 연구자들이 무얼 하는지 너무 궁금해하는 이 습성 또한 공대 감성 중 하나이리라. 공대 안에서만 존재하는 줄 알았던 공대 감성을, 이렇게 미디어 콘텐츠를 통해서도 만날 수 있다.

앞으로 혹시 여러분의 공대생 친구가 수학 그래프나 수식을 보고 웃고 있다면 타박하고 싶더라도, 그 저변에 깔린 '공대 감성'을 일단 한번 찾아내 보자. 그들의 세상으로 들어가 볼 수 있는, 가장 유쾌한 방법이 될 것이라 보장한다.

참고 도서

* 김초엽·김혜진·오정연·김선호·이루카, 『제2회 한국과학문학상 수상작품집』, 허블, 2018
* 손화철, 『토플러&엘륄: 현대 기술의 빛과 그림자』, 김영사, 2006
* 차윤정·전승훈, 『신갈나무 투쟁기』, 지성사, 2009
* 최재천, 『과학자의 서재』, 움직이는 서재, 2015
* 더글러스 애덤스, 『은하수를 여행하는 히치하이커를 위한 안내서』, 김선형·권진아 옮김, 책세상, 2004
* 데이비드 린들리, 『볼츠만의 원자』, 이덕환 옮김, 승산, 2003
* 리처드 필립 파인만, 『발견하는 즐거움』, 승영조·김희봉 옮김, 승산, 2001
* 리처드 필립 파인만, 『파인만 씨 농담도 잘하시네』, 김희봉 옮김, 사이언스북스, 2000
* 리처드 홈스, 『경이의 시대』, 전대호 옮김, 문학동네, 2013
* 린 마굴리스, 『공생자 행성』, 이한음 옮김, 사이언스북스, 2007
* 린 마굴리스·도리언 세이건, 『마이크로 코스모스』, 홍욱희 옮김, 김영사, 2011
* 레이첼 카슨, 『침묵의 봄』, 김은령 옮김, 에코리브르, 2011
* 매트 리들리, 『붉은 여왕』, 김윤택 옮김, 김영사, 2006
* 메리 셸리, 『프랑켄슈타인』, 임종기 옮김, 문예출판사, 2008
* 빌 브라이슨, 『거의 모든 것의 역사』, 이덕환 옮김, 까치글방, 2003
* 베르너 하이젠베르크, 『부분과 전체』, 유영미 옮김, 서커스출판상회, 2016
* 베른트 하인리히, 『생명에서 생명으로』, 김명남 옮김, 궁리, 2015
* 베르트 횔도블러·에드워드 윌슨, 『초유기체』, 임향교 옮김, 사이언스북스, 2017
* 아이작 아시모프, 『아이, 로봇』, 김옥수 옮김, 우리교육, 2008
* 앙리 베르그송, 『창조적 진화』, 황수영 옮김, 아카넷, 2005
* 앙리 베르그송, 『물질과 기억』, 박종원 옮김, 아카넷, 2005
* 이블린 폭스 켈러, 『유기체와의 교감』, 김재희 옮김, 서연비람, 2018
* 위르겐 타우츠, 『경이로운 꿀벌의 세계』, 유영미 옮김, 이치사이언스, 2009
* 자크 모노, 『우연과 필연』, 조현수 옮김, 궁리, 2010
* 조너선 와이어, 『핀치의 부리』, 양병찬 옮김, 동아시아, 2017
* 제인 구달, 『인간의 그늘에서』, 최재천·이상임 옮김, 사이언스북스, 2001
* 쥘 베른, 『지구 속 여행』, 김석희 옮김, 열림원, 2007
* 찰스 다윈, 『종의 기원』, 장대익 옮김, 사이언스북스, 2019
* 칼 세이건, 『창백한 푸른 점』, 현정준 옮김, 사이언스북스, 2001
* 칼 세이건, 『코스모스』, 홍승수 옮김, 사이언스북스, 2006
* 테드 창, 『당신 인생의 이야기』, 김상훈 옮김, 엘리, 2016
* 폴 호프만, 『우리 수학자 모두는 약간 미친 겁니다』, 신현용 옮김, 승산, 1999
* 호프 자런, 『랩걸』, 김희정 옮김, 알마, 2017